大是文化

權力的野性

窺探對手、蒐集資訊，建立聯盟、奪權乃至鞏固地位，
野生動物比人更懂稱「王」之道。

路易斯維爾大學生物學系教授、動物行為學家
李・艾倫・杜加欽（Lee Alan Dugatkin）——著
曾秀鈴——譯

Power in the Wild

目錄

推薦序一

從動物行為，看見自己和人類社會

特有生物研究保育中心助理研究員／林大利

閱讀《權力的野性》，勾起我許多年輕時，剛開始學習做學術研究的種種往事。雖然我目前的研究，主要著重在野生動物與棲地關係、公民科學、趨勢分析和自然保育，但其實我最初是在動物行為學領域，探討冠羽畫眉（一種臺灣特有的小鳥）的繁殖群，在孵蛋時如何分工合作。

最近，有個特殊的職業「寵物溝通師」，看似很玄，但其實他們就是經驗豐富的動物行為觀察者。科學家和大家一樣，也想知道動物在想什麼？想做什麼？為什麼那麼做？對牠有什麼好處？這樣要付出什麼代價？可惜，我們和動物語言不通，只能反覆觀察牠們面對事情的各種反應、與其他動物相處時的一舉一動，再分析這樣能不能讓牠們活得更好、生下更多孩子。

和人類一樣，動物獨自在大自然中生存並不容易，即便是獨居動物，也必須面對追求伴侶、與同伴競爭資源等種種處境。因此，有些動物便成群結隊、一起生活，群體的大小從數隻到數千隻都有，形成群體的合作關係。

不過，**只要有合作就會有衝突，大家都是為了追求比單打獨鬥更高的利益，才選擇相互合作**。人類透過血緣關係、口頭承諾、道德義氣、契約書、合作備忘錄或國際公約等建立合作關係，確保其順利運作，不過最後撕破臉的例子也並不罕見。那麼野生動物呢？牠們如何建立合作關係？是所有成員齊頭式平等？還是聽從單一領袖的指揮命令？動物行為學家發現，野生動物的合作模式不僅千變萬化，即便是腦容量相當有限的小動物，也能透過簡單的刺激和反應規則，合作完成許多複雜的工作。

《權力的野性》聚焦在野生動物的群體之中，不同位階關係的成員如何面對合作與衝突，在艱困的大自然中求生存。從這些研究案例，會看到一步登天、魚躍龍門的奪權魯蛇；也會看到如臉書股價般一夕間一落千丈的王者。**如果你覺得，這本書讀起來像在看人類社會和政治，那就對了！不是動物像人類，而是人類本來就是動物。**現在人類社會的合作模式，也是數萬年來與自然萬物交互影響演化而成。

了解動物行為和群體的運作，也是一種仿生學，**從野生動物身上找到促成合作和消弭衝突的機制，也許能為複雜的人類社會議題**，找到最佳解。

推薦序二

放下人類的束縛，向動物學習

亞果遊艇開發總經理／唐玉書

很榮幸受邀為大是文化新書《權力的野性》寫推薦序，我想這應該與我之前出版《誰說我的狼性不能帶點娘？！》有關。當時，是想跟社會新鮮人和基層主管分享職場「良」力，而這股「良」力的剛性，恰好來自於「非人類動物」（以下簡稱動物，拆解自「狼」，左為犬、右為良）。**以往大家提到「狼性」，難免帶點負面印象，但我不這麼認為。其實，動物的力量很值得人類學習。這不只幫助我度過人生困境，且讓我在迷惘中能做出正確決定。**

記得我初入社會、還在擔任專員時，經常抱怨工作、同事，且分不清敵我，直到有天我看到一則小故事：一隻凍僵的小鳥，從天上掉落到田裡，當牠奄奄一息時，有隻牛走過來，拉了一坨屎在牠身上——雖然又臭又噁，但溫暖的牛糞讓小鳥慢慢活了過來，劫後餘生的牠開心的唱起歌。結果，一隻路過的野狼聽到小鳥的歌聲，便把牠挖出來吃掉！

這個故事教會我：不是每個在你身上拉屎的都是敵人；也不是每個把你從屎堆中拉出來的，都是朋友。更重要的是，當你身陷屎堆時，記得閉上你的鳥嘴！

之後，我便對動物故事特別感興趣。擔任總經理時，我也常跟一級主管分享動物教會我的事情，而這些引人省思的小故事，自然一一出現在我的書中。

讀完這本由知名動物行為專家李．艾倫．杜加欽教授撰寫的《權力的野性》後，我如獲至寶，動物行為的科學研究分析竟可以如此系統化、精闢又精彩！原來，動物社會生活的各個層面，都與權力息息相關！我們常說，人類是萬物之靈。如果動物都可以擁有這些智慧，難道我們人類能不懂嗎？

人生是一連串不斷的學習、修練、調適和選擇。當你覺得累了，**不妨靜下心來，放下自己身為人類的束縛，看看動物怎麼做**，也許你會有不一樣的啟發！

推薦序三

痴迷於權力，人跟動物都一樣

工作生活家社群主理人／白慧蘭

想著要做大事、成大業，得了解如何獲得權力。當你翻開《權力的野性》，作者開宗明義就說本書是觀察動物權力爭鬥的研究結果。若你不愛看動物星球頻道（Animal Planet），可能就會意興闌珊的把書放回書架。

請先等一下。

作者說：「權力，更具體的說是追求『掌控權力』這件事，幾乎是所有動物社會的核心。」很多人不懂，**為什麼人對權力那麼痴迷？就因為人也是動物**。人的欲望，不只在求偶、求生存，因此對權力的追求會更加血腥，影響範圍也更為深遠。

閱讀這本書，可以從各種動物的奪權角逐中，更理解人類。

即便「平等」是現代民主社會的基調，為何權力仍掌握在少數人手中？道理跟動物界沒什麼兩樣，**權力來自於「力量」的展現，來自於身型、速度等演化上的優勢，經過無數次的競爭後遴選出強者，有力量的強者就能在群體中劃分等級，取得分配資源的權力**。

獲得權力最美妙的事，就是可以自由運用與分配資源。人類的組織像一座金字塔，公司執行長只有一位，總統也只有一位，底層的芸芸眾生數量遠多於領導階層，但能分配的資源卻少得可憐。我們應該自怨自艾，就這樣躺平嗎？

閱讀這本書你會發現，**即便是在爭鬥中敗下陣來的弱者，仍不會放棄努力，牠們會等待奮力一搏的時機**。例如，體型不如人的公海豹，就會在岸邊等著已與海豹王交配完成的母海豹，要回到大海中的短暫空窗期，霸王硬上弓，把握讓自己的基因可以繁衍下去的機會。

推薦這本書給對權力有興趣的人。向動物學習，如何用最有效的方法爭取權力；沒有權力時，又該如何審時度勢，等待翻身的機會。

前言

權力的滋味，不分物種都想爭取

狼科學研究園區（Wolf Science Research Park）位於維也納（Vienna，奧地利首都）北方，距離約一小時車程。二〇一八年冬天，我前往該園區參觀，並以我的書《馴化的狐狸會像狗嗎？》（*How to Tame a Fox and Build a Dog*）為題進行演講。書中講述一項長達六十二年的實驗，並翔實記錄了在俄羅斯新西伯利亞（Novosibirsk），研究銀狐的馴化過程。

與我共同完成這本書的另一位作者柳德米拉・卓特（Lyudmila Trut）和他的同事，在那次實驗後，便對狗的馴化過程產生濃厚的興趣。不過，出於科學、邏輯和政治上的種種理由，他們一直都不是以狼進行研究，而是以銀狐替代，藉此了解馴化過程是如何一步一步發生的。因此，能有機會跟狼近距離接觸，多少令我感到既興奮又期待。

演講結束後，由園區主任庫爾特・科特沙爾（Kurt Kotrschal）負責接待，並帶我參觀設施，園區內約有五、六個狼群，待在各自的戶外圍欄裡。庫爾特和他的同事們，從狼一出生就開始照顧牠們，因此每匹狼都跟人類保持良好關係。

他的研究小組研究了狼群社會行為的許多面向，從餵食到選擇合作夥伴（對象包括狼和人類）、遊戲行為、探索、恐懼、優勢度，以及權力。庫爾特的團隊在研究狼的過程中，總是有新發現。

壓制狼小弟給外人看，表示「我是這裡的老大」

這是一個大型的研究園區，每個狼群都有以圍欄圍起的專屬領域。園區內也有幫狼測量體重、體型和進行實驗的室內設施。

當庫爾特和我穿過大門，準備進入其中一個狼群的圍欄時，他事先告訴我標準作業流程：當狼靠近時，我要先跪下，並且不要有突然的動作。

庫爾特還強調：「跟狼進行友好的眼神交流，但不要盯著對方不放。」「不要有突然的動作」這個指令讓人不太放心，但我相信庫爾特對這些動物的了解，他知道人類應該怎麼做最好。

這時，一隻大型、年長的公狼向我們走來，庫爾特餵了牠幾口事先準備好的食物。之後，那匹狼緩緩向我走來——當時我已經先依照指令跪下——接著，牠舉起狼爪，放在我的肩上。這一瞬間既可怕又美妙，我心想：「這個動物掌握很大的權力，牠想要的話可以立刻殺了我。」

那是權力的組成因素之一：力量，這個因素既單調又不特別。而在幾分鐘後，我見證了另一種更有活力、更獨特的權力表現方式。當庫爾特和我經過另一個狼群時，多數的狼一切如常，懶洋洋、無所事事的休息著，但最靠近我們的兩匹狼，卻有不尋常的舉動：**其中一匹狼壓住另一匹狼，下顎咬住對方的口鼻**。

這個景象很嚇人，庫爾特感覺到我的不安，於是告訴我占優勢的公狼只是要讓對方動彈不得，並沒有要傷害牠的意思。庫爾特告訴我，**這是牠展現權力的方式**，**表示「我是這裡的老大」**。牠不只是要表現給小弟看，或許也是給庫爾特和我來個下馬威。

庫爾特和我沿著園區內的碎石子路前進，來到另一塊圍欄圍起來的大型區域。每一區都養著一群狗，由人類負責照顧。就像狼群一樣，狗可以自由活動不受限制，而庫爾特和團隊會記錄牠們的日常生活，並進行各種實驗。他們也希望有一天柳德米拉能夠送一批馴化的狐狸到這裡來，並且像這裡的狼和狗一樣，由人類把牠們養大，如此一來，就能比較這三種犬科動物的權力動態。

一路上看來，這些狗對權力的追求，和狼的表現方式截然不同。狗的互動似乎更混亂（庫爾特也證實這一點），掌握權力的過程圍繞著小氣、好鬥，以及有時危險的爭奪，才能爬到群體的頂端。

追求權力，是所有動物社會的核心

過去三十年來，我一直在研究社會行為演化的各個面向。我讀研究所時，把論文主題清單縮小到「合作的演化」或「優勢度的演化」。而很久以後，我才發現這兩個主題其實並不衝突，但回溯到一九八八年時，我卻覺得自己一定得在兩者之間做出選擇。

後來，我決定以「合作的演化」為論文主題，因為當時的動物行為研究領域，充滿合作和利他行為的概念。但其實，我對合作與優勢度兩者同樣感興趣。而出於對後者的興趣，我在寫論文時，還完成了幾個附帶計畫。在合作和優勢度的主題上，我還延伸出動物文化傳遞（按：cultural transmission，上一代將社會文化傳遞給下一代的過程）的研究。

隨著研究時間越來越長，我逐漸發現各種社會行為，其實都涉及微妙且細緻的評估和決定。其中，有很多的社會決策，就像庫爾特的狼和狗所做的那樣，重點圍繞在指揮、控制或影響對方行為，以及掌控取得資源的能力——這也是**我試圖透過這本書，對「權力」下的定義**。

這個發現讓我如釋重負，而且，原來有許多人跟我一樣，會根據已發表文獻去解讀動物行為。如今，在這個世界上，針對非人類（nonhumans）權力的研究是如此進步、充滿前景、具備冒險精神，現在正是述說這個故事的最佳時機。

權力，更具體的說是追求「掌控權力」這件事，幾乎是所有動物社會的核心。動物尋求對周遭族群的控制，所採用的方法微妙而複雜。無論在群體之中，或在個體身上，爭奪權力的過程都精彩且豐富。

本書中，許多動物行為學家、心理學家、人類學家和科學家，已發現動物社會生活的各個層面，都和權力息息相關：**動物吃什麼、在哪裡吃、住在哪裡、和誰交配、產下多少後代、和誰結盟、想趕誰走等**。權力鬥爭有時在雄性之間，有時在雌性之間，有時兩性都有。有時，**權力會讓年輕個體槓上年長的；有時，衝突在同儕間發生。有時，同個家族的人會互鬥；有時，牠們會合力篡位奪權。**

對權力的追求無所不在，動物也一樣

爭權的過程危機重重。追求權力可能涉及外顯的攻擊，但更多時候則必須採取細膩的戰略行為：審慎評估潛在對手、窺探、欺騙、操控、結盟，與建立社會網絡等，族繁不及備載。

此外，研究人員為了了解掌權過程的戰略演變，已發展出相關理論，並由理論延伸出預測，在動物的棲地和實驗室進行測試。雖然多數研究仍聚焦在動物行為本身，但我們也能一窺荷爾蒙、基因和神經迴路對權力造成的潛在影響。

在第一章，我們將先概述非人類展現權力的驚人方式；第二章將探討驅動權力轉變的代價（cost）與利益（benefit）。

在前兩章的基本綱要到位後，則探討動物在爭奪權力的過程中，如何評估同類（第三章）。如此一來，我們就能深入理解，非人類如何從經驗中擷取訊息，與牠們觀察同類（和被同類觀察）所蒐集到的資訊，建立聯盟爭取權力（第四、五章），並在獲得權力後加以鞏固（第六章）。

此外，對某些物種而言，群體動態（按：group dynamics，指群體中成員間的互動，以及對其之間關係（尤其位階關係）的影響）在建立權力結構上占有重要地位，我們將探討其原因及如何運作（第七章）。最後，在第八章，我們會發現權力結構通常是穩定的，偶爾的崩解只是為了以新的方式重建。而每一章中所談及的物種，並不是唯一能讓我們理解權力的動物，但這些物種特別具有代表性。

權力牽涉許多面向，本書中的許多個案研究，將會分散在各個章節中討論。例如鬣狗（hyena）、渡鴉（raven）和海豚的權力動態非常特別，因此有時我會跨越章節主題，回到整體性的討論。

然而，由於非人類的權力橫跨許多神奇的系統，我反倒更常在一個章節中，只談一個既定的系統，根據（我承認有些主觀）我認為何處最能凸顯權力的本質。

以上種種讓我們明白，如果我們想要了解非人類族群追求權力的過程，所必須具備的條件，就該摒棄認為一切都很簡單的錯誤觀念，因為事實並非如此。

正在研究動物權力的科學家，最能明白箇中道理。我跟提出相關理論的研究人員進行深入會談，並一一檢視各個系統。雖然歷史未必給予他們肯定，但我在這裡要呼籲：女性科學家研究權力的成果，絕對值得應有的關注。書中四〇%的研究是由女性主導（或共同主導）；此外，我還刻意加入了年輕科學家的研究，但當然也不能錯過資深科學家的成果。

我所接觸的科學家，對我提出的一長串個人和科學問題皆來者不拒，而且不吝於花費時間給予回覆。這些人進行研究的來龍去脈、每天的工作、過程遭遇的波折，以及意外發現和時運不濟，都提供了完整的敘事背景，讓我們更了解他們對動物權力的研究。

紐西蘭的研究人員，為何半夜躺在企鵝糞中好幾個小時，只為了觀察企鵝的權力展現？三十多年前，一次前往肯亞恩戈羅恩戈羅火山口（Ngorongoro Crater）的假期，如何導致一系列鬣狗權力研究，而且至今仍在進行中？車庫裡偶然的發現，如何幫助我們理解劍尾魚的窺探行為和權力？童年時期對流浪狗的熱愛，最終如何成為針對城市中流浪動物的社會行為和權力爭奪，所做出的最詳盡分析？以上故事，都將在本書中揭露。

對權力的追求無處不在，在每種動物身上都可以發現。你將看到動物的權力動態，包括鬣狗、狐獴（meerkat）、縞獴（banded mongoose）、馴鹿（caribou）、黑猩猩（chimpanzee）、倭黑猩猩（bonobo）、獼猴（macaque）、狒狒（baboon）、海豚、鹿、馬和田鼠，以及渡鴉、雲雀（skylark）、白額蜂虎（white-fronted bee-eater）、普通潛鳥（common loon）、叢鴉（Florida scrub jay）、銅頭蝮（copperhead snake）、黃蜂、螞蟻和烏賊。我們將一一探討：為何選擇研究某地的某個物種、動物群體中權力動態的觀察、實驗中的假說，以及科學家如何驗證這些假說。

在本書中，我們將和研究人員一同前往世界各地，了解動物社會權力形成的方式與原因：澳洲的海灣和植物園；剛果（Congo，中非國家）、坦尚尼亞（Tanzania，東非國家）、烏干達（Uganda，東非國家）和巴拿馬（Panama，中美洲國家）的森林；加爾各答（Kolkata，印度第三大都會區）和南加州的街道；南法的草原；都柏林（Dublin，愛爾蘭首都）的公園；密西根（Michigan，位於美國東北部）、威斯康辛（Wisconsin，位於美國中北部）和尼加拉瓜（Nicaragua，中美洲國家）的湖泊；奧地利的山脈；加拿大的冰原；紐西蘭的海灘；肯亞的保護區和懸崖峭壁等。

「非人類」這個詞是關鍵；這不是一本關於人類權力的書。演化人類學家和其他科學家，已經寫過很多關於人類這個物種的權力演變，而我們並不需要參考人類行為來理解動物權力的含義。從這個意義上來說，這本書本身就是向動物社會的複雜性、深度，以及權力之美致敬的作品。

第一章

權力的最基本樣貌：交配權

鬣狗只會發出悲慘的嚎叫，經常在營地徘徊，而且又臭又髒⋯⋯。

——美國小說家厄內斯特·海明威（Ernest Hemingway），
《非洲的青山》（*The Green Hills of Africa*）

如果認為鬣狗是粗暴、野蠻、愚蠢的野獸，那可真是大錯特錯。非洲的馬賽（按：Masai，非洲東部的遊牧民族）牧民會在牛群的脖子繫上牛鈴，而精明的斑點鬣狗（*Crocuta crocuta*）能夠分辨出牛鈴和教堂鐘聲的不同。斑點鬣狗也能憑藉外觀和叫聲，分辨出團體或家族的所有成員，牠們在防衛領域和狩獵時合作無間，並負起共同養育下一代的責任。

鬣狗通往權力之路相當複雜，而且主要由雌性所掌握。更特別的是，在鬣狗的體系中，**成年雌性鬣狗在家族中的地位遠高於雄性，這在哺乳動物中是極為少數的例外**。

演化生物學家凱·霍勒坎普（Kay Holekamp）無疑是這個領域的專家。雖然她過去從沒想過會投入相關研究，畢竟她在加州大學柏克萊分校（University California, Berkeley）攻讀博士學位時，研究的是內華達山脈（Sierra Nevada）貝丁地松鼠（Belding's ground squirrel）的行為和播遷（按：dispersal，生物的後代離開出生地，拓展新生活圈的過程）。

一九七六年，她和當時的丈夫瑞克（Rick）覺得時機成熟，於是便存了一筆錢前往肯亞度假。他們參觀恩戈羅恩戈羅火山口時，看見一群鬣狗在追逐、獵捕一頭牛羚，過程合作得天衣無縫。

「那些鬣狗抓到了牛羚，並把牠撕成碎片，全程就發生在我們的車子旁邊。」霍勒坎普回憶起當時的情景：「我轉頭跟瑞克說：『我以為鬣狗只會偷偷摸摸搶食腐肉，沒想到牠們能夠互相協調、合作追捕獵物。』」

回到美國後，她讀了生態學家漢斯・柯魯克（Hans Kruuk）關於鬣狗的著作，進而對鬣狗產生濃厚的興趣。

一九八八年，霍勒坎普和生物學家蘿拉・史邁爾（Laura Smale）一同前往肯亞的馬賽馬拉保留區（Masai Mara Reserve），展開斑點鬣狗的田野調查。三十多年來，研究不斷擴大，現在有來自世界各地、超過一百名學生和研究人員參與。

雄鬣狗的權力之路，由雌性掌握

馬賽馬拉保留區位於海拔一千五百公尺處，草原常駐動物包括瞪羚（gazelle）、獅子、花豹、塔比羚羊（topi），遷徙動物則有斑馬和牛羚（wildebeest）；霍勒坎普的Fisi基地營就在其中（Fisi是史瓦希利語〔Kiswahili，坦尚尼亞、肯亞、烏干達等國的官方語言〕中的「鬣狗」）。營地有帳篷、桌子，以及用來冷凍血液的液態氮儲存桶。霍勒坎普把基地營當成另一個家，她和團隊致力於研究鬣狗家族的社會動態，以解開鬣狗這種高度社會化生物之奧祕。

多數鬣狗家族會有大約五十隻鬣狗，但西塔勒克（Talek West）家族是個例外，成員多達一百三十隻。有如地下迷宮的公共巢穴，分布在土豚（aardvark）經常出沒的洞穴中，則會被雌鬣狗用來養育幼崽。有時，不同巢穴的成年鬣狗間會發生小衝突，像是戴夫窩（Dave's Den）、幸運豹窩（Lucky Leopard Den）和神祕窩

（Mystery Den）的成員之間，就曾有過類似的不愉快。

霍勒坎普和團隊成員們，能透過鬣狗獨特的毛色花紋認出不同個體，並蒐集所有可能解釋鬣狗行為的數據。有時，他們會用麻醉槍對鬣狗施打鎮定劑，記錄牠們的重量和體型大小；製作含有豐富荷爾蒙數據的血液樣本、蒐集肛門拭子，以深入研究鬣狗的荷爾蒙變化。

成年鬣狗的體重，通常在四十五至六十八公斤之間，站立時肩高約九十公分。研究人員在牠們身上裝了監控坐標的無線電項圈，能夠連續記錄牠們的位置，以及牠們和家族中其他成員的親近程度。

而除了GPS數據之外，霍勒坎普和研究團隊也會在越野車上，一路追蹤及觀察鬣狗，建立牠們時時時刻的互動紀錄。

他們的資料庫涵蓋數千筆和權力相關的鬣狗行為觀察，例如：耳朵向後，這是低位階鬣狗受到高位階鬣狗威脅時，所表現出來的服從行為；張嘴安撫，當一隻鬣狗對另一隻鬣狗做出張嘴動作，是一種先發制人的行為；站立宣示，高位階鬣狗會把頭抬高，口、鼻朝下放在低位階鬣狗的肩膀上，以宣示其權力。

霍勒坎普回到學術研究基地密西根州立大學後，還做了一個跟鬣狗一樣大小的機器鬣狗，內建攝影機和錄音機，以重現鬣狗的行為——它可以把耳朵向後拉、張開嘴、頭上下移動等。這隻機器鬣狗目前是研究人員聊天時的絕佳話題，而霍勒坎普一直想把機器鬣狗帶到非洲，利用它掌控鬣狗家族中以權力為基礎的互動，但還沒想到該如何進行。

根據她和團隊目前的研究，當一隻鬣狗上升到家族權力結構的頂端時，將會獲得可觀的利益。這些好處對雌鬣狗尤其明顯，因為雌鬣狗的地位通常在雄鬣狗之上。霍勒坎普和團隊好奇為何雌鬣狗通常位於主導地位，研究後發現原因在於**雌鬣狗的下顎更強壯**、能夠更有力的咬碎骨頭。

你絕對不會想體驗被鬣狗咬住的感覺，牠們的頭骨、下顎、牙齒能夠撕開斑馬和長頸鹿的骨頭。鬣狗吃掉的屍體，九五％是自己獵捕而來，並不是吃腐肉為主。當牠們殺死獵物、享受大餐時，比較好的部位幾分鐘內就會被搶食一空，牠們可是沒有在跟同類客氣的。

鬣狗擁有強壯的頭骨和下顎，足以咬碎直徑超過七公分的骨頭，不過，年幼鬣狗必須花上很長的時間，才能擁有這項能力。母親是唯一的照顧者，因此年幼鬣狗十分依賴母親，跟其他相近的物種相比，年幼鬣狗依賴母親照顧的時間更久。結果就是自然選擇的強大壓力，促成雌鬣狗擁有足以撕開新鮮屍體骨頭的下顎。成年雌鬣狗的下顎能將骨頭咬碎，讓牠能夠靠自己的力量享用獵物，並餵食自己的孩子。年幼鬣狗在大約三個月大時，就會跟媽媽一起啃食動物屍體。

在權力鬥爭中，強而有力的下顎是絕佳武器，這點一定程度上解釋了雌鬣狗地位高於雄鬣狗的原因。

而高位階雌鬣狗生下的女兒，在家族權力結構中的地位往往也會上升。位於優勢位階（dominance hierarchy）頂端、擁有最高權力的雌鬣狗，掌握了演化優勢的黃金守則：常提高其長期繁殖成功率。

在一項為期七年的研究中，霍勒坎普與她的團隊，以馬賽馬拉、塔勒克地區一個家族為對象，蒐集其社會位階的資料，並針對來自十四個家庭、數十隻雌鬣狗累積了一個資料庫，包括每窩子代數、生產的間隔時間、年幼鬣狗幾歲斷奶，以及子代鬣狗成長到生育年齡的機率。

跟低位階的同類相比，高位階的雌鬣狗開始繁殖的年齡較早，因此多了一〇%的繁殖期。擁有權力的雌鬣狗生育次數更頻繁（生產間隔更短），而她們生下的子代，更有可能活到生育年齡，因此能在鬣狗家族中創造出一代傳一代的勢力。鬣狗通往權力之路，一旦找對了方向，可說是好處多多。

長達兩到三週的公海豹排名爭奪

通往權力之路各式各樣，鬣狗表現的形式只是其一。而北象鼻海豹（*Mirounga angustirostris*）的經歷則完全不同。雄性北象鼻海豹之間必須使出全力，拚個你死我活；而雌性在不得已跟雄性敵對時，也會跟雄性打起來。

研究北象鼻海豹的卡洛琳・凱西（Caroline Casey），經常說海豹的社會系統就像是一齣「活生生的肥皂劇」。這麼說一點都不誇張。大約只有三五%的北象鼻海豹能活到一歲，活到四歲的機率則會大幅下降至大約一六%。

而對雄性北象鼻海豹來說，生活尤其艱難。假設牠夠幸運能活到六歲，一到繁殖季節就必須跟其他公海豹爭奪交配機會，一連串競爭彷彿永無止境。

儘管北象鼻海豹在成年後能存活超過十年，但由於爭奪交配權獲勝的機會極低，高達**九五%的公海豹永遠沒有繁殖下一代的機會**。然而，一旦公海豹能以少數、強勢的身分出線，將會得到豐厚的獎勵，有利於牠繁衍下一代。

凱西與生態專家伯尼．勒．伯夫（Burney Le Boeuf）一起進行研究，後者調查北象鼻海豹的權力已經很長一段時間了。他從一九六七年開始研究，立刻就發現海豹的行為完全跟書中所寫的不同，出乎他預料之外。

當時，研究人員會將兩隻動物放在實驗室中彼此對抗。當一對一對決累積出足夠多的個體數據後，他們便會利用數學模型，重建一個假設性的群體優勢位階。但是伯夫在觀察北象鼻海豹時，發現自然界中原本就存在一個完整運作的優勢位階。時間之輪轉動，五十多年過去了，他仍持續研究北象鼻海豹的權力關係。

阿諾努耶佛州立公園（Año Nuevo State Park）就在加州聖塔克魯茲（Santa Cruz）以北的一號公路旁，是北象鼻海豹的棲息地，也是伯夫與他的學生、同事們過去五十年進行研究的地點。在他們開始研究的前面幾年，海豹居住在公園裡的小島上。伯夫希望每天都能去觀察海豹，安排船程便成了後勤的噩夢。

但還好事情逐漸有了轉機。一九七〇年代中期，隨著小島面積縮小，北象鼻海豹數量增加，大量海豹開始占據公園的陸地，沿著海岸一路延伸至沙丘。往沙丘走去，則是更內陸的溼地沼澤和沿海植被，對海豹而言是絕佳的居住環境。海豹遷居後，伯夫離開校園，只要二十五分鐘便能抵達研究基地。

雄性和雌性海豹都會待在海上好幾個月，潛入數百公尺的海底，吃銀鮫、角鯊、鰻魚、礁岩魚和魷魚等食物。由於牠們回到沙丘後便會停止進食，因此在海裡要多吃一點，以儲存脂肪。

而對雄性和雌性海豹來說，新的一年將會以不同方式展開。每年春天，重約六百八十公斤、長約三公尺的母海豹，會回到阿諾努耶佛的海岸，進行一年一度、長達一個月的換毛，牠們的毛髮會跟著皮膚上層一起脫落。

公海豹也會在岸上待一個月換毛，但牠們的換毛期是在夏天。公海豹換毛時，看起來就像是柔軟的巨型絨毛玩具，而不是渴望權力的鬥士。身長四公尺、重一千八百公斤的公海豹，一個挨著一個躺在沙丘做日光浴，行動緩慢，就像一般人印象中那樣慵懶。

到了十二月，繁殖季節開始，追求權力讓那些巨大動物突然不再溫柔。公海豹會先來到阿諾努耶佛的沙丘，等待兩到三週後母海豹的到來。此時大戰一觸即發，大約有一百五十隻公海豹，用肚子在沙灘上緩慢前進，巨大的樹幹狀長鼻子在空中揮舞，想拚個你死我活，看誰才是老大。

兩隻公海豹較量的第一階段，是儀式性的宣示，他們身體挺直並刻意發出吼叫，叫聲的來源有部分是鼓脹長鼻而產生的。這種叫聲的獨特之處，在於結合了節奏和音色。公海豹發出吼叫的同時，身體會猛烈撞擊沙地，伯夫說那種感覺就像一輛卡車從身旁駛過：「連地球都在顫抖。」

但是，叫聲並無法傳達海豹體型大小、潛在的戰鬥力等詳細資訊。凱西錄下某個族群中體型較大和較小的公海豹叫聲，並放出來給其他公海豹聽時，她發現公海豹的行為並不會根據聽到的叫聲而改變——如果叫聲中隱含海豹體型大小等相關訊息，照理說海豹應該會有反應。

不過，公海豹會記得曾有過互動的特定個體叫聲。叫聲就像一個標籤，能夠跟對手的實際行為產生連結。

雄性北象鼻海豹的競爭，在儀式性宣示、鞏固敵對雙方的權力關係後，七五%的結局是其中一方會認輸開溜。而如果繼續對峙，公海豹會一邊吼叫，一邊衝向對方，一遍又一遍的重複，直到距離對方夠近時，牠的身體會重重落地，把沙子甩向對手的臉。

如果這時比賽還是沒有分出勝負（機率只有一〇%），他們就會殘暴的互相撕咬，導致大量出血。最後，勝利的公海豹會離開被打敗的一方，再跟另一個認定的對手單挑，這個過程會不斷重複，時間長達兩到三週。等到母海豹陸續抵達的時候，雄性海豹的權力關係大多已塵埃落定。

這件事很講求先來後到

北象鼻海豹的懷孕期約八個半月，但卵子受精三個半月後，母海豹才會將受精卵植入子宮壁，讓分娩（生產）維持一年一度的週期。

每年十二月中旬到下旬，母海豹會緩慢移動到沙丘上，待上四到六週後，牠們即將誕下新生命，那是前一年交配的成果。母海豹到達阿諾努耶佛後，會成群結隊的聚集在沙丘上。伯夫表示，如果牠們想單獨行動，就必須冒著不時被公海豹騷擾的風險，且很難成功幫年幼海豹斷奶。

在母海豹來到海灘時，先前從無數戰鬥中脫穎而出的勝利者，也就是最強壯的公海豹們，每隻會負責守衛一群母海豹，讓牠們不被其他公海豹打擾。一旦群體中的母海豹生下子代、結束餵奶並準備好再次交配——大約是上岸後的三至四週——守衛那群母海豹的公海豹就會想盡辦法，確保在母海豹回到大海之前，讓牠懷孕的是自己。

海灘上可能有十個以上的群體，每群有數十隻母海豹，成為高位階公海豹，負責守護母海豹，可說是好處多多。

到了一月下旬、新交配季節的高峰時，阿諾努耶佛海岸上的海豹數量非常壯觀。雖然大多數母海豹會在公海豹上岸數週後抵達，然而從十二中旬到一月初，還是不斷會有新的母海豹上岸。

這段時間，有些母海豹正在懷孕中，有些母海豹則已經分娩、正在哺育幼獸（年幼北象鼻海豹一天可以增加四．五公斤），有些則已經讓孩子斷奶，並準備好再度交配。多數排名落後、不須負責守衛的公海豹，則試圖突破重圍，想辦法跟母海豹交配。負責守衛的公海豹有時會吼叫，以阻止這種企圖篡奪權力的行為，假如對手認出公海豹的叫聲，這一招就會奏效。但是，如果雙方以前從未交手過，打鬥有時還是會發生。

彷彿這些混亂都還不夠似的，在繁殖季節快結束時，偶爾還是會有一隻新來的公海豹上岸。這時候，**新來的和占地為王的公海豹之間會有一陣較量，讓新來的海豹搞清楚自己在權力結構中的地位。**

在一陣混戰後，會出現固定的模式。四隻最強大的公海豹，負責守護數量最多的母海豹群，占了這片沙丘交配行為的八〇%至九〇%。比例之高令人印象深刻，但實際數字絕對遠遠超過它。排名領先的公海豹所守衛的群體，則有將近一百隻母海豹。

伯夫說，有隻公海豹曾連續四年登上權力結構的頂端，這很罕見，畢竟要年復一年保持領先，必須擁有充沛的體力。根據他的估計，這隻公海豹最後成功跟兩百五十隻母海豹交配。

無論是就比例或就絕對數字而言，交配行為應該會轉化為成功受精。在大多數物種中，這個假設能夠針對觀察到的交配行為，透過分子遺傳檢測配對，測試是否為親子關係。大原則上是如此，但在北象鼻海豹身上卻很難做這個驗證。因為十九世紀中期到晚期，商人為了將海豹的脂肪製成海豹油而大量捕獵，而使北象鼻海豹瀕臨滅絕，最後只剩下幾十隻。

儘管如今海豹數量，已從瀕臨滅絕的數字快速復育，然而，海豹經歷過的「遺傳瓶頸效應」（按：genetic bottleneck effect，某個族群的生物個體數大幅減少，遺傳多樣性隨之下降後，未來難以快速回升的現象）意味著牠們的基因多樣性非常低，而無法透過遺傳檢測來確定親子關係，因此伯夫與他的團隊無法確定交配行為是否就代表繁殖成功，但他們認為機率很高。

在這齣肥皂劇中，母海豹不只是被動的參與者。如果強壯公海豹所保護的群體太大，就算盡全力也無法阻止所有意圖入侵的公海豹。一旦這些公海豹成功入侵，牠們會希望在被發現之前，迅速跟母海豹（通常是很多隻母海豹）交配。不過，**母海豹似乎不太想跟地位較低的公海豹交配，牠們會清楚對入侵者表明態度，或許這也是對保護牠們的公海豹表示忠誠。**

當入侵的公海豹試圖抓住母海豹，並將牠固定在下方（這是北象鼻海豹的交配動作）時，母海豹會來回擺動臀部以擺脫牠，並用鰭肢將沙子踢向公海豹的臉，發出刺耳的「呱呱」聲。伯夫認為「這是在傳達訊息給周圍的海豹……有隻母海豹正受到侵犯」。

當入侵的公海豹權力位階越低，母海豹就越有可能發出呼救。一聽到叫聲，優勢公海豹便會趕快衝過來，趕走入侵者，並將牠從該地區驅離；之後，公海豹便會自己跟那隻母海豹交配。

海灘上多數是這些沒有權力、低位階的公海豹，牠們成功交配的機率有多少？如果說，入侵母海豹群通常以失敗告終，因為有優勢公海豹守衛；而就算入侵的公海豹一開始沒被發現，母海豹也會大聲呼救，那還剩下什麼選擇？

牠們的選項只剩下一個。母海豹跟優勢公海豹交配後會去海邊，而大海距離牠的團體有三至五十公尺遠。一路上，牠可能會被多達二十隻位階較低的公海豹騷擾，想盡辦法要跟牠交配。

「為了回到海裡覓食，母海豹必須成功逃離被一群公海豹騷擾的酷刑。」伯夫表示。

母海豹與優勢公海豹交配後，還是可以再交配，儘管牠會極力避免：牠會利用回到大海的最直接路線，而且選在漲潮時離開群體，因為這時跟海水的距離最短。但是這樣做還不夠，仍會有公海豹試圖騷擾牠。

在歷經生產、哺乳，流失了一個月的體脂肪後，此時母海豹的體重可能已減輕了四〇％，因此不太有能力抵抗公海豹。「這是很危險的情況。」伯夫指出，並解釋說公海豹在交配過程中會咬母海豹的脖子，可能會意外撕裂母海豹沿著脊椎向下延伸的大靜脈。一旦發生這種情況，「母海豹會當場死亡。」

所以，母海豹不會激烈抵抗，在前往海邊的路上，牠會選擇跟其中一隻公海豹交配。而先前提過，無法透過遺傳分析確定親子關係，因為不能確定有多少比例的交配轉化為真正的受精。

一旦母海豹成功回到大海，公海豹很快也會離開，沙丘上只剩下已斷奶的年幼北象鼻海豹，大概再待上一個月左右，牠們也會奔向大海的懷抱。接下來的十二月，權力鬥爭的整個循環，將會重新展開新的一輪。

實力不足怎麼辦？烏賊靠偽裝

接下來，讓我們轉向位於澳洲南部海岸的懷阿拉灣（Whyalla Bay），這裡有十八萬五千名偽裝大師在爭奪權力。懷阿拉灣位於阿得雷德（Adelaide，澳洲聯邦南澳州〔South Australia〕的首府，為該州第一大城）東北方約四百公里。

影視製作人不斷要求海洋生物學家羅傑・漢隆（Roger Hanlon），公開播放在懷阿拉灣拍攝的水下影片。

如果你坐下來看這部影片，會看到一個相當單調的背景，充斥著海草、泥土、沙子和不起眼的岩石，你可能會想：「這有什麼好大驚小怪的？」直到其中一塊六十公分長的岩石動了一下，全速游走的同時，還噴出墨汁。

漢隆研究澳洲巨型烏賊超過二十年，傘膜烏賊（*Sepia apama*，又名澳洲巨型烏賊）簡直是變幻莫測的藝術家，還是頂尖大師級。

漢隆和他的團隊發現，這些**烏賊使用很多不同的偽裝，每種偽裝都會根據背景微調，並與背景巧妙融合。**如果背景由堅硬、黑灰的岩石所組成，巨型烏賊的偽裝圖案會跟背景完全一致。通常，牠們會表現出斑駁的迷彩圖案，產生小小的明暗斑點，模仿水下海景斑駁的樣子——海裡大多是灰色岩石，上頭帶有黑藻的斑點。

有時，烏賊會開啟令人錯亂的偽裝模式：身體產生明暗交替的大條紋，視覺上彷彿身體被分開（中斷）了，外觀看起來完全不像令人敬畏的傘膜烏賊。

而比這些偽裝多樣性更引人注目的，是巨型烏賊偽裝的速度，牠們可以在一、兩秒內完全融入背景。烏賊和牠們的掠食者一樣，擁有絕佳的夜間視力，漢隆利用小型遠端遙控攝影機和紅光濾鏡，拍攝烏賊表演偽裝魔法的過程，這在人類肉眼看來幾乎只是一片黑（但從烏賊或烏賊的掠食者眼中看來，當然並非如此）。

牠們究竟是如何辦到的？原因仍有待探索，但有一點很清楚：在章魚、魷魚、烏賊等頭足類（按：cephalopods，軟體動物之一，皆為海生、肉食性，身體兩側對稱，分頭、足、軀幹三部分）動物體內具有色素細胞，其中有用來創造圖案和顏色的色素。這些色素細胞在頭足類動物身上的運作方式，跟其他動物完全不同。其他物種的色素細胞，通常是由荷爾蒙控制；而頭足類的色素細胞，則是由肌肉控制的色素囊，使色素細胞成為組成神經肌肉系統的一部分。

頭足類色素細胞周圍的肌肉，由大腦的不同腦葉掌控，主要是與視覺相關的腦葉。當刺激色素細胞周圍肌肉的信號從大腦發出，肌肉便會收縮，擴張色素細胞；當肌肉放鬆時，色素細胞便會收縮。擴張和收縮的動作，不只能使動物改變顏色和色調，還能改變皮膚圖案。漢隆和其他人的研究發現，色素細胞的活動由大腦信號引導，包括整合背景圖案、強度和對比，以及物體的亮度、深淺、立體程度等訊息。

這些訊息如何經過編碼，經由大腦傳達給色素細胞周圍的肌肉，並產生想要的結果，科學家仍在研究中。但無論詳細的機制為何，一旦這種能力進一步演化適應，或許能成為逃離海豹、海豚和其他捕食者偵測的方法，也能在攻擊和追求權力等情境使用。

自一九九〇年代後期以來，漢隆錄製了數百小時懷阿拉灣的烏賊生活，每年有十八萬五千隻生活在斯賓塞灣（Spencer Gulf）的巨型烏賊，會沿著海岸線游四至六公里，只為了在一．五至六公尺深的海裡交配。在這場巨型烏賊的狂歡派對中，母烏賊可能會交配十七次，每天產下五至四十顆卵，完全不在乎漢隆正在觀察牠們。

「不需要特別去習慣，」他強調：「這些動物來這裡是為了產卵。你只要慢慢靠近牠們，跪在海底，然後開始拍攝……一切超乎想像。你就像一塊石頭，看著這一切發生。」

漢隆將產卵場的核心權力玩家，稱為「有配偶的」公烏賊。這裡有許多桌子大小的岩石，隱藏在海裡茂密的植物中，母烏賊通常會在岩石下產卵，由一隻大公烏賊負責守衛。

「多數母烏賊都有一個雄性配偶，」漢隆指出：「偶爾你會在某個地方，看到不被打擾的一對烏賊。但更常看到的是，在下方的母烏賊看起來有點沮喪，而大約是母烏賊兩倍大的公烏賊，則一直守在她上方。」

對有配偶的公烏賊來說，處處都有危機潛伏。性別比例嚴重失衡，公烏賊太多，和北象鼻海豹一樣，守護雌性需要時時保持警戒。但烏賊入侵者採取的方式，跟海豹截然不同。

體型比較小的公烏賊，會到處刺探和勘查。「當你的目光鎖定其中一對烏賊時，」漢隆說：「你會看到四或五隻較小的公烏賊在附近徘徊，進行不同的『潛入』戰術。情況瞬息萬變……一隻鬼鬼祟祟的公烏賊會突然介入、試圖接近母烏賊，而有配偶的公烏賊會將牠推開，然後你會看到另一隻、又一隻……有配偶的公烏賊忙得不可開交。」

一旦被有配偶的公烏賊發現並逼近，較小的公烏賊便會立即逃離現場。但是，**有一部分的小型公烏賊想出一種有創意的方法，能躲過有配偶公烏賊的強大防禦：牠們將自己偽裝成母烏賊**。

利用能隨意改變顏色和圖案的能力，牠們能模仿母烏賊身上特有的斑駁圖案。但是，公烏賊有四隻觸手，而母烏賊只有三隻觸手，很可能讓事跡敗露。所以，牠們會收回第四隻觸手，而其餘觸手則做出類似母烏賊產卵的姿勢，這樣就能不被有配偶的公烏賊發現，並成功溜進牠的守備範圍。

漢隆即時觀看（並拍攝）公烏賊的模仿行為，**DNA分析發現牠們不只躲過了**

有配偶公烏賊的正常防禦行為，而且還在對方的守衛下，成功讓母烏賊產下牠的後代。有時，**智力還是勝過體力的。**

而當這些有配偶的公烏賊面臨更大的威脅時，情況則大不相同，漢隆將這群挑戰者稱為「大型公烏賊單身漢」（lone large males）。這些公烏賊挑戰的方式，跟小型公烏賊不同，因為他們的體型與力氣，跟有配偶的公烏賊都差不多，因此牠們就算被偵測到，也不會離開。

漢隆錄下牠們厚臉皮挑戰有配偶公烏賊的情形。「牠們一出現就開打，」他說：「接著你就可以開拍。」

漢隆分析這些錄影帶，以及後續和雪梨麥覺理大學（Macquarie University）的行為生態學家亞歷珊卓．許奈爾（Alexandra Schnell）合作的實驗，顯示出這些歷時三十秒至二十分鐘的衝突，涵蓋顏色及圖案的變化、行為展示、全面的互相攻擊。衝突通常會歷經好幾個階段，不斷升級，每個階段雙方都在評估彼此。

競賽的第一階段，通常是其中一方對另一方來個「正面示威」。公烏賊面對對手時，外套膜（按：mantle，由烏賊背側的體壁向下摺與伸展形成，並包裹其內臟團。即其頭部以後的所有可見部分）會朝下，白色觸手緩慢來回擺動。而對手通常會以相同方式回應，有時也可能會就此撤退。

如果沒有任何一方撤退的話，競賽第二階段則會有「橫向示威」和「鏟形示威」。在橫向示威中，公烏賊會向兩側伸展觸手和身體，並展開第四隻觸手。在這個過程中，公烏賊的外套膜上，經常會出現「流雲」的圖案。為了製造這種圖案，牠會擴展和收縮色素細胞，創造出對比和流動的變化，產生單向、起伏的明暗帶狀外觀。而對手通常也會以橫向示威作為回應，有些則選擇撤退。鏟形示威跟正面示威類似，但此時外套膜清楚可見，觸手則保持鏟子的形狀。

如果鏟形示威沒有讓對手撤退，接下來就是橫向推擠，或更激烈的「正面推擠」。一旦競賽來到第三階段，通常兩隻烏賊會互相推擠，直到其中一方撤退。

每個階段，公烏賊都會更了解對手的體型、動機，以及跟自己的力量差距。極少數在第三階段結束後，仍未分出勝負的例子中，事情會一發不可收拾。一場全面的戰鬥展開，雙方從各個角度纏繞、扭打，漢隆如此描述：「牠們會跳到對方身上互咬，墨汁噴得到處都是。」打鬥的結果，總是會有一方敗下陣來、逃之夭夭。

無論在競賽的哪個階段，如果一切條件相同，而且有配偶的公烏賊和入侵的公烏賊單身漢體型差不多，單身漢通常會撤退，有配偶公烏賊則保有權力。當然，條件未必完全相同，如果單身漢體型明顯較大，牠可能會贏得競賽，並取而代之擔任配偶的角色。

除此之外，還有其他條件可能影響最終結果。當漢隆、許奈爾和同事研究公烏賊打鬥的小細節時，他們發現六〇%的公烏賊打鬥時，偏好攻擊左眼，二五%的公烏賊則偏好攻擊右眼，而大約有一五%的公烏賊無任何偏好。雖然偏好攻擊左眼的公烏賊，比其他公烏賊更常在戰鬥中升級，但偏好攻擊右眼的公烏賊贏得競賽的機率更高。談起烏賊的權力鬥爭，真的是錯綜複雜。

就算比輸了，也要令對手懼怕

有時，通往權力的道路並不需要硬碰硬，而是像間諜般刺探敵情，就像劍尾魚一樣。這種魚的大腦非常小，小到可以放在針頭上。當萊恩・厄利（Ryan Earley）於一九九七年加入我在路易斯維爾大學（University of Louisville）的實驗室，攻讀博士學位時，沒有什麼能阻止他的研究。厄利在雪城大學（Syracuse University）讀大學時，就曾參與動物行為的研究，並閱讀過許多文獻，掌握許多關於劍尾魚的支配、攻擊性和權力等資料。

到了厄利開始讀研究所的時期，動物行為學家在實驗室進行關於公劍尾魚攻擊性的實驗，已經將近三十年了。在這些魚的權力鬥爭中，體型是很關鍵的因素。一般來說，如果公劍尾魚的體型比對手大一〇％以上，牠就會贏得戰鬥。許多研究發現，在這個系統的荷爾蒙權力基礎上，體內雄激素（例如睪固酮）濃度較高的公劍尾魚，會比濃度低的公魚，更頻繁攻擊和咬對手。

將兩條長度約六公分的公劍尾魚一起放在魚缸裡，兩條魚都會豎起背鰭，並展開追逐。接下來，牠們將開始咬啄並展開橫向示威，將身體扭曲成S形。然後劍尾魚會伸直身體，撞向對手，並用尾巴拍打對方。

如果情況未明，牠們會快速繞圈，緊閉下顎，嘴對嘴摔角（mouth wrestle），激烈扭動，直到分出勝負。勝利的魚會在魚缸裡自由游動，偶爾快速追逐落敗的一方，以宣示自己的權力地位，而落敗的一方，則是會合起背鰭、撤退，並乖乖待在魚缸角落或底部。

一九九〇年代初期，曾主導早期實驗室劍尾魚研究的生物學家迪克・弗蘭克（Dierk Franck），決定前往墨西哥維拉克魯茲（Veracruz）的卡特馬科湖（Lake Catemaco），觀察這些打鬥研究如何在野外重現。

整整三週，弗蘭克坐在從湖中分流而出的溪流河岸上，用七乘以二十的雙筒望遠鏡觀察八至十隻公劍尾魚，悠游在約三十公分深的水裡。經過多次練習，他能根據體型大小、顏色和尾巴長度，辨認出每條魚。

根據觀察到的攻擊和撤退次數，弗蘭克將公劍尾魚分為三組：占優勢（追逐多於撤退）、居中（追逐和撤退的次數大約相同）或弱勢（撤退比追逐多）。

雖然弗蘭克沒有看到野外的魚像實驗室中那樣激烈互咬，但卡特馬科湖的劍尾魚，仍然表現出許多在對照研究中出現的攻擊行為，這在動物行為學的著作中已是堅不可摧的概念。弗蘭克的團隊經由田野調查確認，劍尾魚在實驗室表現的攻擊行為並非人為，而這項發現也解決厄利的擔憂，因為他一直想研究劍尾魚之間微妙的權力互動，而這必須在實驗室中才能完成。

「只要觀察這些魚，就能發現明顯的權力鬥爭，每個個體都想登上權力頂端，」厄利說：「讓我感興趣的是『你是怎麼辦到的？』以及『假設你真的辦到了，又要如何維持現狀？』」

厄利首先把重點放在一個尚未解決的權力動態問題。跟其他動物一樣，劍尾魚群體中也形成了動物行為學家所謂的「線性位階制度」（linear hierarchy），其中位於頂端的個體（稱之為α）贏得所有打鬥（對象為群體中其他所有成員），排名第二的個體（稱之為β）則打贏除了α以外的其他成員，其他以此類推。

短期來說，位階是固定的。但從中期的角度來看，會有群體解散或跟其他群體合併的情況發生，但很少人知道一旦發生這種情況，權力會如何重新分配。因此，厄利決定進行實驗，將已經建立位階的群體合併，以了解當一個更大的新群體形成時，權力如何轉移（或不轉移）。

為了簡化流程，實驗一開始每個小魚缸都有一組三條公劍尾魚。厄利會坐在黑色簾子後方，透過縫隙觀察每一組。他會先選定一條魚觀察十五分鐘，在筆記本記下這條魚所做的一切，以及其他魚針對牠所做出的行為，例如豎起背鰭、咬啄、橫向示威或拍打尾巴，以及那隻公劍尾魚參與的每場嘴巴摔角，結果是牠先撤退或另一條魚被打敗而開溜。接著，他輪流觀察小組中的每條魚，一遍又一遍，一天又一天，直到腦中浮現一個清晰的線性優勢位階。

接下來，他把已經建立位階的兩組魚，放進同一個魚缸，將牠們合併為一組，並重新觀察位階建立的過程，直到新的大群體出現固定的位階，而這通常會在四天內會發生。

經過合併前後共約四百多個小時的觀察，厄利得出清楚的結論：**小組合併時，權力也會清楚轉移**。在三魚一組中的優勢個體，在合併為六條魚一組後，幾乎總是占據前一、二名。

坐在黑色塑膠簾子後方，是孕育想法的絕佳位置。厄利回憶：「你被困在這個位置上，看著魚。只有你和魚……然後就突然有了想法。這些魚不是到處游來游去、在環境中隨意移動的機器……而是跟誰在觀察誰有關，以及在那個社會環境中，傳遞了什麼訊息。」

厄利覺得，魚之間似乎在互相監視。而這需要另一個實驗來證實。

厄利運用了水中間諜竊聽法。竊聽者效應（eavesdrop effects），又稱為旁觀者效應（bystander effects），當旁觀者觀察一場攻擊互動，因此改變了他原先對觀察對象的戰鬥能力評估，就會產生此效應。

其實在其他領域中，已有許多相關資訊；然而，當時厄利在研究劍尾魚時，動物行為學家才剛開始思考這個問題。他回憶道：「嘗試提出這個實驗設計讓我心跳加速……我拿著紙坐下來，制訂各種計畫，以確認牠們是否在互相監視，並運用這些訊息。」

厄利想設計出一個能讓旁觀者看到打鬥雙方，但打鬥者看不見旁觀者的機制，卻找不到合適的素材，直到他突然「恍然大悟」。當時他坐在汽車零件商店裡：「我正在修理我那輛討厭的舊車，看到有些人在研究豪華轎車的貼膜。我問他們其中一個人：『那種豪華轎車的貼膜會反射影像嗎？』他回答：『不會。』於是，我買了大量的豪華轎車貼膜，幫家裡的單面玻璃貼膜，有了這個裝置後，旁觀者可以看到打鬥者，但打鬥者就看不到旁觀者了。」

他立即進行了實驗，讓間諜魚（旁觀者）在實驗水槽的一邊自由游動，水槽另一邊則是參與打鬥的兩條劍尾魚，中間用貼膜玻璃隔開，讓間諜魚可以看到另一邊，但是兩條打鬥的魚看不到牠。厄利還安排了跟第一組條件相同的對照組，但是中間放了不透明的隔板，讓落單的魚看不到打鬥的兩隻魚。接下來，輪到間諜魚——或是在對照組中，看不到另一邊發生什麼事的那條魚——對抗打鬥後的贏家或輸家。

跟對照組的魚相比，**間諜魚比較會避免跟之前觀察到的比賽贏家碰頭**，這完全說得通，一個優秀的間諜的確該這麼做。

但是，讓厄利驚訝的是，**如果間諜魚觀察到輸家很快就撤退，之後輪到牠跟輸家互動時，牠也會比較有攻擊性；如果輸家是進行了精彩的戰鬥後才落敗，間諜魚就會比較謹慎。**

而且，在後續的實驗中，他證實觀看打鬥並不會改變間諜魚對其他劍尾魚的行為模式。間諜魚觀看一場打鬥後，跟不屬於那場戰鬥（或任何戰鬥）的小魚配對時，與非間諜魚對待那條小魚的方式並無任何不同。

我們對鬣狗、北象鼻海豹、巨型烏賊和劍尾魚通往權力之路的觀察，**暗示權力中代價和利益的重要性**。代價和利益本身就讓人感興趣，但它們如何促進自然選擇，讓動物決定該採取何種行動，以獲取和維持權力？

第二章

你該挑戰誰，避免挑戰誰？

比起湖中放聲大笑的潛鳥，我並沒有特別孤獨。

——美國作家亨利・大衛・梭羅（Henry David Thoreau），《湖濱散記》（*Walden; or, Life in the Woods*）

身為倫敦皇家藝術學院（Royal Academy of Art）的營運長，洪祖仁（Tzo Zen Ang，音譯）最近大多數時間都待在陸地上，但以前並非如此。

二〇〇七年至二〇〇九年，為了進行劍橋大學的博士研究，她經常在澳洲蜥蜴島（Lizard Island）周圍的珊瑚礁海域水肺潛水，觀察二色刺尻魚（*Centropyge bicolor*）的權力展現。當時她會選擇這個研究主題的原因，便是因為研究對象的棲息地在海裡。「我熱愛水肺潛水，」洪祖仁回憶：「當時我認為，魚是個很好的主題，於是就這樣決定了。」

在蜥蜴島周圍清澈的潟湖中，有個長一百三十公尺、寬三十公尺的美人魚小海灣（Mermaid Cove），洪祖仁在海面下二至十三公尺處，看到了巨型蛤蜊、鬼蝠魟

（menta ray）和海龜，也第一次看見三色刺尻魚，正在做牠們一整天都在做的事：進食礁石上的藻類和碎屑。

她會在早上、下午和黃昏潛水，藉由體型大小和顏色的組合，尤其是將魚身分成藍色和黃色兩邊的直線位置，很快她就能辨認出許多三色刺尻魚。為了更進一步區分每一條魚，她便把魚抓起來，在牠們身上注射粉紅、橙色、藍色和綠色的合成染料。

後來，她能分辨出一百四十條成年的魚，這些魚沿著珊瑚礁上的四個不同區域，分散在三十七個不同的群體之中，她發現：「每組都有自己的領域，而且牠們不太會離開自己的地盤。」

洪祖仁開始利用這些小組，拼湊出三色刺尻魚追求權力的代價和利益。每個組內都有嚴格的線性位階，其順位取決於兩個因素：性別與體型。位於位階頂端的魚，是群體中唯一的雄性，也是體型最大的個體。群體中其他成年個體則都是雌性，牠們的排名同樣由體型決定，最大的雌性在小組中排名第二，以此類推，直到體型最小的個體。

二色刺尻魚的位階概念是相對的。公魚一定是所屬群體中最大的魚，但另一組最大的母魚體型，可能比牠更大；不過，母魚一定會比牠那一組的公魚小。

誰最可能取代我，就先幹掉誰

不過，這些魚並不是典型的雄性和雌性，因為二色刺尻魚是雌雄同體，牠們會表現出一種特殊的模式，稱為雌性先熟（protogyny），魚一開始是雌性，而根據社會條件，可能會在幾週後完全變成功能上的雄性。

以二色刺尻魚群體中的權力而言，影響性別變化、讓魚從雌性轉變為雄性的關鍵社會因素，就在於這一組是否有優勢雄性。

群體中排名第二的母魚，如果想要上升到第一名，唯一的方法則是讓位階在牠之上的公魚消失。雖然這種情況並不常見，但有時還是會發生。

「某天突然驚覺那隻公魚不見了，」洪祖仁說：「沒有人知道為什麼，可能是被吃掉了。」此時，排名優先的雌性開始轉變為雄性，並在短短的幾週內，上升到群體中第一名的位置。

在群體內部，大多數攻擊行為是為了在覓食期間建立和維持權力：一條魚會向另一條魚快速游去，趕走對方、逼牠去其他地方覓食。有時，攻擊行為會增強為時間更長、更激烈的追逐；在極少數情況下，攻擊者甚至會啄咬受害者。雖然攻擊行為不分性別，然而追求權力的代價和利益，則取決於魚當時是雌性或雄性。

黃昏時分，在一天的最後一次潛水中，洪祖仁會觀察處於位階頂端的公魚如何累積掌權的利益。

在一個群體的領域中，每隻母魚都有專屬的活動範圍，牠們大部分時間都在裡面度過。黃昏時，群體中的公魚老大會一一造訪每隻母魚的家，跟母魚一起產卵：公魚貢獻精子，母魚負責產卵。在一個晚上之內，公魚會跟一隻或多隻母魚一起產卵，但是每隻母魚一個晚上只會產卵一次，因此平均而言，群體中公魚貢獻次數比母魚多很多。權力發揮了作用。

公魚能在夜晚造訪母魚的家，的確需要付出代價。公魚一一造訪母魚時，會在領域外圍巡邏，以阻止來自鄰近領域的雄魚，以及親緣關係相近的神仙魚（angel fish）進入。每個群體只有一隻公魚在巡邏，因此這是很耗費體力的任務，游動是額外必須付出的代價。

此外，約有二五%的公魚攻擊行為會發生在領域邊境。而且，公魚在巡邏和產卵時不會覓食，所以牠吃的會比母魚少。儘管沒有任何數據證實，但洪祖仁認為夜間的單獨巡邏，會提高公魚被掠食者襲擊和吃掉的機率。

雖然群體中的母魚產卵頻率低於公魚老大，然而身為高位階、掌握權力的母魚，仍享有許多好處，例如能比低位階的母魚更頻繁產卵。雖然目前還不清楚為何公魚會優先跟位階高的母魚交配，推測可能是因為體型較大的雌性，能夠產下更多或更大的卵。

而高位階的母魚掌握權力的另一個好處，則是能擁有更大的活動範圍，並因此獲得更多、更好的食物。

在權力結構中，母魚維持地位的成本是微妙但真實的。**群體中的公魚，對位階低於牠的母魚，同樣具有攻擊性。**牠跟排名最高（體型最大）的母魚打鬥的機率，跟排名最低（體型最小）的母魚是一樣的。

然而，群體中的母魚卻不是這樣。牠們傾向攻擊位階低於自己的魚。而且，當母魚的位階越高，牠就越傾向攻擊比牠低一階的魚，因為這是對牠而言最具威脅性的（雌性）對手。

為什麼牠不去攻擊低好幾個位階的母魚？洪祖仁推測，一旦公魚大王消失，排名第一的雌性就有望成為主導的公魚，因此，去攻擊最有可能挑戰自身地位的母魚而付出代價是值得的，如此一來便能減少對方搶走自己地位的機率。

這種策略似乎很有效，因為高位階母魚的攻擊，會導致低一階的母魚減少覓食，因此也降低了排名較低的母魚位階上升的機率。

鷹鴿賽局

談到爭權的代價和利益時，動物行為學家想要衡量的，是不同行為對長期繁殖成功造成的淨效應（net effect），也就是利益減去代價得到的結果。洪祖仁對二色刺尻魚的研究貢獻良多；上一章提到的霍勒坎普，其針對鬣狗繁殖成功的長期研究，則定下了很高的標準。

要蒐集繁殖成功的長期數據說來容易，實際做起來卻很困難。研究者必須持續監測族群數量，還要知道誰是誰、哪些個體表現出哪些行為變異，以及每個個體產下多少後代，過程年復一年。在這條鏈中，每一步都有不同的邏輯問題必須處理。因此，研究人員有時會蒐集某一輪數據，將其當作一生數據的代表。

動物行為學家也經常依賴二階代理（second-order proxy），例如權力和成功覓食，或權力和安全居所之間的關係。這裡的前提是，假設更多食物或更好的住所，會增加動物一生中繁殖成功的機率，以類似的取代方式來衡量權力代價。在某些情況下，研究人員可以蒐集到有關代價和利益的資訊；然而，有時卻只能蒐集到關於代價或利益單一項的資訊。

在自然選擇的過程中，比較有利的行為（包括用來獲取和維護權力的行為），利益必須大於代價。在一九七〇和一九八〇年代，**為了建立代價和利益研究的理論架構，動物行為學家從經濟學領域借用了賽局理論**（game theory），應用在人類以外的動物身上。

發想出賽局理論的學者獲得了諾貝爾獎，**此理論假設個人採取行動的回報，不僅取決於他自己做了什麼，也跟他互動的其他個體行為有關**。例如，在經典的囚徒困境（prisoner's dilemma）中，如果有兩名嫌疑人因犯罪被捕，嫌疑人的最終命運不僅取決於他提供給警察的口供，也跟他同謀的口供有關。

以演化為導向的動物行為學家採用賽局理論模型，做了些許重要調整，接著利用此理論來理解和預測動物的行為。演化的賽局理論模型快速建立，以預測動物為了獲得權力，考慮對手行動而採取的最佳策略。

賽局理論非常適合模擬權力動態，因為動物爭奪資源的結果，取決於潛在對手受到威脅時是願意戰鬥，或是就此退縮。

關於動物的攻擊和打鬥行為，有個簡單的賽局理論模型，能幫助我們利用代價與利益的思維，理解權力真實的一面。早期，研究人員在建立模式以研究權力組成時，演化生物學家約翰・梅納德・史密斯（John Maynard Smith，被譽為「演化博弈論之父」）和遺傳學家喬治・普萊斯（George Price），在經典的賽局理論中加入跨世代演化的轉折，建構出所謂的鷹鴿賽局（hawk-dove game）。

不過，在這場比賽中，**老鷹和鴿子代表的不是真的鳥類。這個說法源於政治學文獻，激進的個人、團體或國家被稱為鷹派，而比較和平的單位則被稱為鴿派。**

在梅納德．史密斯和普萊斯的**鷹鴿賽局中，鷹派採取簡單的策略：永遠做好準備，並願意為爭取資源而戰。而鴿子的原則則截然不同——先虛張聲勢準備戰鬥，一旦受到挑戰，就會退縮。**

所有的賽局理論模式都跟代價和利益有關，而在鷹鴿賽局中，玩家的潛在代價是必須冒著在打鬥中受傷的風險。假設只有輸家必須付出代價，而贏家的潛在利益是競爭資源的價值，例如食物。

現在，想像一下有兩隻動物在爭奪食物。如果其中一方採取老鷹的策略，而另外一方採取鴿子的策略，就不會有打鬥發生，因為鴿子會先撤退，結果是老鷹得到資源，而鴿子一無所獲。

而如果雙方都是鷹派，那就先打一場再說——最終一方獲勝並贏得資源，另一方打輸並付出代價。假設所有鷹派都具有同樣優秀的戰鬥能力，有五〇％的機率老鷹一號會獲勝（並得到食物）、五〇％的機率會失敗（並付出代價），因此，當一隻老鷹決定跟另一隻老鷹打鬥時，牠的平均收穫會是二分之一的利益減去二分之一的代價。

若是兩隻鴿子爭奪食物時，則會先虛張聲勢，但不會有實際的打鬥，模型假設牠們會平分資源，雙方都獲得一半的利益。

經過一些數學分析，鷹鴿賽局成功預測了我們期望看到的狀況，無論這個族群是由鷹派和鴿派混合而成，或是只由鷹派組成。兩種結果會出現哪一種，取決於利益與代價的價值：當利益增加時，鷹派的表現較佳；而當代價增加，則是鴿派表現較好。

在由鷹派和鴿派兩者組成的族群中，權力展現在鷹派之間的打鬥、鷹派和鴿派之間的虛張聲勢和退讓，以及鴿派之間的和平互動——根據全鷹派群體只有不停打鬥，而做出的推測。也許最有趣的就是，鷹鴿賽局從未預測全由和平鴿派組成的族群，會是何種狀況。但無論如何，這個簡單的模型成功預測了權力鬥爭的確存在。

鷹鴿賽局提供良好的思想實驗範例，動物行為學家只要利用抽象的代價和利益概念，就能做出簡單預測。後續我們談到慈鯛的爭權時，會再提到鷹鴿模型。現在，我們則要試著更深入探討動物追求權力的代價和利益，這次要看的，是密西根州道格拉斯湖（Douglas Lake）底的鬆散淤泥。

體型具優勢，就能搶到好地盤

鐵鏽外露的山脊碎石，散落在道格拉斯湖底的淤泥之上。羅洛斯鏽斑螯蝦（*Orconectes rusticus*）利用這些碎片當掩護，躲避靈活的掠食者。螯蝦為了搶奪安全的棲身之所，爆發了大戰。生物學家亞瑟・馬丁（Arthur Martin）和保羅・摩爾（Paul Moore），為了記錄螯蝦大展身手、搶奪藏身之處的過程，並設法拼湊出羅洛斯鏽斑螯蝦的權力結構，建造出一個精密的海底攝影系統。

這些影片讓我們看到螯蝦一連串令人嘆為觀止的行為：接近對手、撤退、甩尾、把觸角當鞭子等。經過以上這些競爭的早期階段，螯蝦才會亮出最危險的武器——強而有力的鉗子。

鉗子占了螯蝦七・六公分身長的三分之一，一開始兩隻螯蝦會用閉合的鉗子互相攻擊，推對手的身體或互相「拳擊」。如果無法分出勝負，其中一方可能會張開鉗子、夾住對手的身體；一旦戰鬥超過臨界點，下個階段可不會太愉快，馬丁和摩爾描述：「牠們會抓住和拉扯對手的鉗子或身體，進行無止境的戰鬥。」

馬丁和摩爾仔細研究了一千個小時的影片後發現，發生在藏身處附近的鬥爭通常很短暫，平均只有約十八秒。迄今為止，包括把觸角當鞭子在內的示威，是最常見的攻擊方式，大約只有二〇%的對陣會用到鉗子推或打擊對手。

最值得一提的是體型所發揮的作用。當擁有掩蔽處的螯蝦，受到體型較小的螯蝦挑戰時，通常能成功保留所有權；但是，如果擁有掩蔽處的螯蝦體型比挑戰者小，則經常會敗下陣來，遭到驅逐。

道格拉斯湖的掩蔽處品質不一，很難評估。馬丁和摩爾為了進行更深入研究，並確認體型更大、更有權力的螯蝦，是否更常擁有掩蔽處的所有權，而且能優先選擇最好的地方，他們將五十隻雄性羅洛斯鏽斑螯蝦帶到鮑靈格林大學（Bowling Green University）的實驗室，以掌控掩蔽處的品質。

這些螯蝦被分成十組，每組五隻，分別放入大水族箱中。每個水族箱中，都有好幾段可以當作掩蔽處的不透明塑膠管，尺寸各異、有大有小。

馬丁和摩爾分析組內互動後發現，螯蝦很快就形成線性位階制度。**位於位階頂端的強大螯蝦，會爭取更大的掩蔽處**。一旦大掩蔽處被低位階的螯蝦占據，通常會被更強大的成員驅逐，大螯蝦搶走掩蔽處後會就此住下。

螯蝦向我們展示，擁有權力所能享有的特權。但高位階的螯蝦也不是一輩子就高枕無憂。**推動權力發展的不只有利益，還有代價因素。**

追求權勢的過程中須付出的代價

寄生蟲，無論是在體表的外寄生蟲，還是住在體內的內寄生蟲，都是野外生活中讓人討厭的玩意兒。但寄生蟲並不會雨露均霑：有些宿主只是輕度感染，而有些則會同時感染外寄生蟲和內寄生蟲。

為了更了解權力的代價與利益，有數十項關於動物行為和演化的研究，都在探討寄生蟲的變異如何反應在權力結構之上。

在馬達加斯加（Madagascar，位於非洲東南部近海的島嶼）中西部海岸，奇靈地森林（Kirindy Forest）的猴麵包樹下，有童話世界中才會有的生物。只在夜間活動的馬達加斯加巨鼠（*Hypogeomys antimena*）很少見，讓有幸遇到牠們的人類感到驚訝和恐懼。維氏冕狐猴（*Propithecus verreauxi*），更為人所知的名字是跳舞狐猴，牠們會在樹林間跳躍，蹦蹦跳跳時保持直立的姿勢。

其他還有數十種鳥類、爬蟲類和兩棲動物居住在這裡，以及被暱稱為boky-boky的窄紋獴（*Mungotictis decemlineata*）、棕尾鼬狐猴（*Lepilemur ruficaudatus*）、侏儒倭狐猴（*Microcebus myoxinus*）、倭狐猴（*Microcebus murinus*）、肥尾鼠狐猴（*Cheirogaleus medius*），和這座森林裡我們最感興趣的生物——紅額美狐猴（*Eulemur fulvus rufus*）。

動物學家彼得．卡佩勒（Peter Kappeler）和同事在奇靈地的德國靈長類動物中心（German Primate Center），記錄了狐猴的攻擊、投降和權力追求。紅額美狐猴重約二．七公斤，尾巴長約六十公分，尾巴長度幾乎是身體的兩倍。

卡佩勒和團隊在每隻狐猴身上，都加上獨特的尼龍項圈作為辨識，並記錄紅額美狐猴為了爭奪食物、配偶和資源會做出的行為，包括啃咬和衝撞、追逐和拍打、搶奪和飛撲、急促的叫聲、大聲尖叫、發出「呼嘯」的聲音、互瞪、退縮、離開、咬牙切齒和移開視線，並藉此區分出贏家和輸家。

在一個演化獨特的島嶼上，研究奇妙靈長類動物的權力，似乎是個很棒的工作，但是如果你想研究寄生蟲和權力的關係，就必須蒐集動物的糞便。

在一項為期兩年的研究中，卡佩勒和他的團隊蒐集了將近五百個紅額美狐猴的糞便樣本。樣本感染了十種體內寄生蟲：八種線蟲、扁蟲和絛蟲，以及兩種原生動物血液寄生蟲。將這些樣本來源個體的權力狀態，與寄生蟲的資訊比對後，雖然並未發現權力狀態和寄生蟲感染之間有明確的關係，但群體中最有權勢的公狐猴，的確比其他公狐猴帶有更多原生動物血液寄生蟲。狐猴的權力生涯，也就是跟血液寄生蟲共存的生命歷程。

行為生態學家伊莉莎白．阿奇（Elizabeth Archie）、鮑比．哈比格（Bobby Habig）和團隊，並不滿足於研究單一物種權力和寄生蟲的關係，他們希望能在數十個物種之間進行大規模比較，於是使用了一種名為統合分析（按：meta-analysis，將多個研究結果整合在一起的統計方法）的統計工具，從已經發表的研究中獲取數據，並搜尋可能的模式。

統合分析的數據取自於 Web of Science 資料庫的研究索引，這是個大型的學術文獻資料庫，包含超過萬種已出版期刊之中，數百萬篇科學論文的資訊。

在他們的一項統合分析中，阿奇和團隊聚焦於雄性脊椎動物，在 Web of Science 輸入「寄生蟲、健康」和「社會地位、社會位階」兩串搜尋關鍵字，找到數十筆資料：針對嚙齒動物、靈長類動物、有蹄類動物、鳥類、輻鰭魚和蜥蜴的研究，數據中發現每個搜索字串至少存在一個關鍵字。

事實證明，雄性紅額美狐猴並不是唯一案例。在脊椎動物的統合分析中，跟權力末端的雄性相比，主宰權力的雄性，體內和體外寄生蟲的感染程度明顯更高。

例如寄生在黑斑羚（impala）毛上的蜱蟲。可能是因為占優勢的個體，跟其他成員的激烈衝突更頻繁，導致接觸過程中蜱蟲會在不同宿主間轉移，因此掌握大權的黑斑羚，更容易被體外寄生蟲感染。

至於優勢個體擁有較高的體內寄生蟲感染機率，可能是本質上無法避免的折衷結果：**能量都用來獲取和維持權力，根本無法對抗寄生蟲。**

儘管如此，研究人員在推斷因果關係時仍需謹慎。雖然掌握權力有可能導致更高的寄生蟲負載（出於前面提到的原因，以及其他因素），然而，高寄生蟲負載不太可能讓個體變得強大。想要確定這之間的因果關係，就必須進行操作實驗，隨機選擇在年輕時有寄生蟲與沒有寄生蟲的個體，並分析其對最終權力順序的影響。

說比做更容易。想要在哺乳動物和鳥類身上進行這類研究，會引起凌駕於倫理和法律的問題（若是針對無脊椎動物、兩棲動物、爬蟲類和魚類，至少法律問題不大），這些操作實驗在野生動物身上應該很難落實。

雌鳥維護地位的生理成本，比雄鳥高

而大量的寄生蟲負載，也不是動物掌握權力時，必須付出的唯一健康代價。此外，要付出代價的不只靈長類動物，也不是只有雄性，強大的母群織雀（*Philetairus socius*）也不例外。

群織雀重約三十克，身上的棕色羽毛不太起眼，沒什麼欣賞價值。雖然牠們外表平凡，卻擁有高超的築巢能力。牠們的巢穴是鳥類建築奇觀，分布在納米比亞（Namibia，位於非洲西南部）、波札那（Botswana，位於非洲南部內陸）和南非（South Africa）等地。有些巢穴已被群織雀族群占據了一個世紀以上，可以容納橫跨數代的數百隻鳥，可能是鳥類所建造最大、最複雜的結構。群織雀全名是群居織巢雀，就是因其大規模群居且善於織巢的習性而得名。

群織雀的巢，可保護牠們不受非洲沙漠極端氣溫波動影響，由茅草枯莖、各種樹枝，以及牠們棲息的相思樹所組成，圓形的屋頂厚九十公分、寬兩百七十公分，重量超過一公噸。

鳥巢內部深處由許多不相連的小房間組成，有時多達數十個，每個房間都必須從單一的外部入口進入。群織雀來到入口時，會發出「進入暗號」，這是牠在其他情況下都不會發出的叫聲，接著再通過一條長約三十公分的隧道進入房間。

所有的房間都鋪滿樹枝和稻草，每個房間都是一個家，住著一對繁殖中的群織雀、牠們的蛋，有時還會有延伸的家庭成員。不繁殖時，這對群織雀（和延伸的家庭）會將房間當作棲息地。

作為南非北開普省（North Cape Province）本方丹狩獵場（Benfontein Game Farm）長期實驗的一部分，許多群織雀被戴上具有獨一編號的金屬腳環，和不同顏色組合的色環。想要觀察群織雀在鳥巢內部的行為極其困難，即使研究人員曾經試圖使用附帶照明的鏡頭，仍無法達成。

幸運的是，跟權力動態有關的行為互動，大多發生在鳥巢外。群織雀會在地面或鳥巢周圍的樹枝上覓食、在鳥巢外面的入口處會面，或在鳥巢表面工作，牠們一直在修補鳥巢和添加新構造。

在鳥巢附近放置人工餵食器的巧妙實驗，促進其社會互動，更顯示優勢位階的權力鬥爭，是牠們社會結構的一部分。生物學家麗塔．科瓦斯（Rita Covas）、莉莉安娜．席爾瓦（Liliana Silva）和她們的同事，在本方丹五個群織雀巢穴下的飼料附近設置錄影機。

從二〇一五年八月下旬開始，他們花了兩週時間，記錄群織雀之間共一萬七千八百一十四次互動，包括威脅（高舉鳥喙、抖開頭上的羽毛）、離開（另一隻鳥一靠近，這隻鳥就馬上離開）、啄咬、互踢、攻擊等。他們接著判定每次拍攝互動的贏家和輸家，以拼湊出優勢位階。

此外，科瓦斯團隊還蒐集了群織雀的血液樣本。他們使用這些樣本來測量氧化性損傷（oxidative damage），這種損傷會發生在細胞無法產生足夠的抗氧化物（能對抗某些對遺傳密碼造成損害的分子）之時。

研究人員分析餵食器附近拍攝的影片，發現群織雀會形成穩定的位階。席爾瓦的團隊繼而研究血液，以尋找鳥巢內的權力與氧化性損傷之間的關聯。他們發現，**付出生理成本的是有權力的雌鳥，而不是有權力的雄鳥：雌鳥位階越高，氧化性損傷的機率越高。**席爾瓦和同事因而推測，雌鳥追求權力所付出的生理成本，多少跟獲取和維持權力有關。

然而，為何參與更多次激烈互動的高位階雄鳥，不需要付出相同的生理成本？席爾瓦和團隊推測，具有高度抗氧化特性的食物可能是關鍵。因為雄鳥比雌鳥占優勢，更可能獲得富含抗氧化物的食物，保護牠們免於承受氧化性損傷及其後果。

必須注意的是，寄生蟲和氧化壓力在動物眾多負面健康指標中，只占其二。假如測量其他指標，尤其是與壓力相關的荷爾蒙，估計那些在權力位階較低的鳥兒們會付出更大的代價。

鞏固強勢地位，得抑制其他雌性繁殖

任職於愛丁堡大學的動物行為學家馬修．貝爾（Matthew Bell）會很樂於告訴你，當涉及到權力的代價和利益時，**重點不在於絕對的繁殖成功，而是相對的繁殖成功：也就是個體與其同類相比的繁殖成功率**。

以貝爾研究的喀拉哈里沙漠（Kalahari Desert）狐獴為例，抑制低位階同類的繁殖，是高位階狐獴手中的強大武器。為了了解這種抑制繁殖的方式如何運作，以及背後的原因，我們必須先了解這樣做的利益和代價。

貝爾的博士研究主題並不是狐獴，而是烏干達的縞獴族群育兒過程。他在蒐集數據的過程中，不禁注意到高位階懷孕的縞獴，是如何試圖抑制低位階雌性繁殖。

「體型更大、更具優勢的雌性，會盡全力打擊體型較小的雌性。這是一場大規模的干擾行動。」他說。

貝爾針對這個主題寫了一篇論文，發表在《英國皇家學會學報》（*Proceedings of the Royal Society*）上，並渴望能進行後續追蹤，深入研究繁殖抑制和權力之間的關係。他認為，就算對象不是縞獴，也一定有其他動物具備這種權力系統。

幾年後，貝爾如願以償。當時他回到喀拉哈里，以斑鶇鶥（*Turdoides bicolor*）為主題進行博士後研究，這裡剛好也是狐獴的棲息地。他曾讀過劍橋大學動物學家提姆・克魯頓—布洛克（Tim Clutton-Brock）小組的大量研究成果（貝爾在劍橋大學獲得博士學位，也算是克魯頓—布洛克學術圈的一分子），因此，他了解狐獴社會的驚人之處，也就是在其群體中發現的極端繁殖偏差（reproductive skew）。

儘管每個成年狐獴都有繁殖能力，卻只有領導的雄性和雌性會生下後代；其他狐獴則扮演「保母」的角色，幫助撫養當權者的幼崽，提供幼崽照顧和食物。克魯頓—布洛克的研究小組發現，**領導的雌性會積極抑制其他雌性繁殖，以維持其壟斷地位。**

領導的雌性通常每年生產二至四次，如果一個剛崛起的雌性部屬懷孕了，領導雌性不會給牠好臉色。起初，牠對雌性部屬的不爽還算溫和，僅限於不讓牠進來餵食的洞穴，或偷走牠的食物。之後，牠的舉動日趨明顯，事情變得越來越糟。領導者會追趕懷孕的雌性部屬，一旦抓到對方，便壓住牠，咬牠的尾巴尾端或頸部。

「情況一旦升級，全部的狐獴都會加入攻擊的行列，」貝爾說：「……攻擊毫不留情，持續一整天。最後，雌性部屬會離開群體好幾天或好幾週，直到領導的雌性生產後，牠才會回來。」

遭到短暫驅逐的雌性部屬，死亡機率很高。而那些活著回到群體的母狐獴，通常體重會減輕，身上名為糖皮質素（glucocorticoid）的壓力荷爾蒙激增，並經常導致流產。

抑制部屬繁殖雖然有效，卻也必須付出相應代價。一旦領導雌性懷孕，想做出激烈攻擊就要耗費大量體力，而且必須冒著可能被對手傷害身體的風險。貝爾由此推斷，這是一個研究上對下繁殖抑制的完美系統。

於是，他跟克魯頓—布洛克討論，並一起策劃一個實驗，試圖找出低位階狐獴不願意生育所造成的影響。貝爾說：「這時，領導者就不再需要額外花力氣去擊敗部屬。」在兩年內，貝爾在六組、三十五個低階雌性狐獴身上，施打甲孕酮（Depo-Provera）避孕激素；其他六組、三十八個低階雌性則作為對照組，注射等量的生理食鹽水。各組皆每年施打三次。

這個研究從二〇〇九年開始，此時狐獴的相關研究已經持續了超過二十五年。雖然狐獴仍在野外生活，但牠們也習慣附近有人類。然而，這並不表示一年三次、抓七十三隻狐獴施打避孕藥（或生理食鹽水）很容易。

貝爾接近狐獴時，會在身後藏著一個帆布枕套。如果他夠幸運的話，狐獴對食物的興趣，會比對他在旁邊走來走去得更高，這時貝爾會抓住狐獴的尾巴，把牠放進枕套中。等便攜式氣動麻醉機一準備好，他就會把狐獴的鼻子塞進面具裡，讓牠暈過去，並施打避孕激素（或生理食鹽水）。幾分鐘後，狐獴就會醒來，並直接回到群體中。

在為期兩年的研究過程中，每兩週貝爾和小組會蒐集這十二組領導雌性的行為數據。他們從一千小時以上的觀察中發現，領導雌性攻擊被施打避孕激素的部屬次數，明顯少於對照組。領導者一旦懷孕，便不太會驅逐被施打避孕激素的雌性，因為那些雌性沒有懷孕，且由於避孕藥抑制繁殖，會使那些雌性部屬身上散發出不同的氣味。

在部屬被施打避孕藥的實驗組中，領導雌性比對照組更常進食，增加更多體重。而相較於對照組，實驗組中領導雌性生下的幼崽，出生時體重較重，在發育過程中也增加更多體重——這事關重大，因為狐獴成年後的體型大小會影響其占優勢的機率，而且跟未來能否成功繁殖有正相關。年幼狐獴體重增加，不僅是因為領導雌性經常餵食，也因為受到繁殖抑制的雌性部屬沒有自己的小孩，因此提供了更多食物給領導雌性生下的幼崽。

當部屬的繁殖受到抑制，領導者累積的總利益是顯而易見的。但是，沒有像貝爾這樣的科學家進行這類實驗時，領導者想這樣做，必須付出高昂代價，包括耗費大量體力和冒著受傷的風險。對領導者而言，不清楚淨效應是否划算，因為體力和風險成本很難量化。

不過，成為有權力狐獴所需付出的其他代價，比較容易衡量。狐獴研究團隊肯德拉．史密斯（Kendra Smyth）和克魯頓－布洛克等人發現，領導雌性跟其部屬相比，體內有更多寄生蟲，像是線蟲和絛蟲等，削弱其先天免疫力。

要在狐獴這座大莊園生存，領導雌性和雌性部屬都必須付出代價，不過在牠們追求權力的過程中，死亡並不常見。然而，對棲息在威斯康辛州湖泊上的普通潛鳥來說，情況並非如此。

必要時，不惜戰死

太陽升起，威斯康辛州萊茵蘭德（Rhinelander）一處湖泊上的霧氣開始散去，一對普通潛鳥在湖面上平靜的移動，牠們有著銳利的橙色眼睛、黑色的小腦袋、匕首般尖銳的鳥喙，以及棋盤格圖案的羽毛。公潛鳥的叫聲有如嚎哭般，在空中縈繞不去，母潛鳥則陪在牠身邊。突然一個「顫音」叫聲，彷彿詭異的笑聲在空中迴盪，岸邊不斷出現回音。

然而，真相並不如表面平靜，因為這些鳥展現權力的方式，其實相當殘暴。

在佛羅里達州或卡羅萊納州過冬後，這些潛鳥會返回牠們的領域：威斯康辛州一萬五千個湖泊中的數百個水域。潛鳥是一夫一妻制，一對潛鳥的領域大多涵蓋整個小湖泊。一對繁殖的潛鳥經常在一起多年，並在每年春天回到牠們當作家鄉的湖泊。

繁殖季節期間，公潛鳥會在湖中尋找合適的位置築巢，有時是靠近岸邊、浮出水面數十公分的小「島」，這個地方能讓牠們遠離哺乳動物掠食者，例如喜歡偷吃潛鳥蛋的浣熊和臭鼬。

從一九九〇年代初期以來，長期研究潛鳥的生物學家沃爾特・派伯（Walter Piper）說：「即使湖泊範圍不斷在改變，至少潛鳥仍認同，整個中小型湖泊都是牠們的地盤。」

領域是有價值的資產。潛鳥的權力系統中，重點就是掌控領域：**唯有擁有領域的潛鳥，才擁有交配的機會。**

權力與領域有關，因此領域的主人會受到入侵者挑戰。這些入侵者沒有自己的家園，被稱為「流浪潛鳥」（floater）。流浪公潛鳥會試圖逼原本住在這裡的潛鳥離開，自己取而代之，必要時會使用暴力。

「流浪潛鳥不斷入侵，這是一場保衛家園的持久戰。」派伯如此形容。

如果流浪公潛鳥成功了，母潛鳥會留在原地；如果流浪潛鳥是雌性，並取代原來的母潛鳥，公潛鳥也會選擇留下。這表明潛鳥系統中的忠誠度，是針對地域而非配偶。

派伯和他的團隊成員，傑．馬格（Jay Mager）和查爾斯．沃爾科特（Charles Walcott），一直在調查流浪潛鳥接管領域的行為，並研究原本擁有領域的公潛鳥是如何抵禦可能的篡位者，並維持其原有的權力。整個族群中，大約有一半是流浪潛鳥，在四月到八月之間，每天可能都有許多流浪潛鳥，前來偵察同個區域，一次一隻輪流來。

但是，很難準確得知同一隻潛鳥重複入侵的頻率。因為擁有領域的潛鳥，派伯的團隊都替牠們戴上腳環做記號，而流浪潛鳥只有約四〇%被標記。

從已經做記號的流浪潛鳥可以得知，有些潛鳥的確會多次造訪同一個領域。派伯針對已做記號的流浪潛鳥所蒐集的數據，說明牠們正在「偵察、按順序覓食（按：trap-lining，個體規律的重複巡視食物來源，就像設陷阱者檢查陷阱一樣）、四處查看、踏遍整塊土地」。牠們不僅會蒐集有關領域擁有者的資訊，還會了解現場是否有幼鳥，作為評估領域品質的指標。

常住的公潛鳥一旦發現流浪潛鳥，會發出近似於「約德爾」（yodel）聲調的真假聲轉換叫聲，一開始是升高音調的爆發，然後是兩個簡短的音符，一遍又一遍重複。因為低頻的約德爾叫聲與其體型大小有關，流浪潛鳥可以快速評估領域公潛鳥的狀況。

當派伯和同事透過實驗改變了約德爾叫聲後發現，入侵的公潛鳥不僅可以從叫聲，評估常住公潛鳥的體型、重量等資訊，針對低頻的約德爾叫聲，牠們也會表現得更謹慎。

此外，約德爾叫聲也能聽出領域擁有者的好鬥程度。由其他操作實驗發現，當兩個短音符越頻繁重複時，流浪潛鳥的態度會更加謹慎，叫聲似乎表現出領域擁有者已準備好戰鬥。

流浪公潛鳥的造訪大多相當平靜。常住的公潛鳥會先發出約德爾叫聲，配偶通常陪在一旁，此時公潛鳥會慢慢靠近流浪潛鳥，先是點頭、在湖面上繞圈圈，接著就是老套、不特別危險的行為。

通常流浪潛鳥會在三十分鐘內飛走，可能是飛去另一個湖。對於領域擁有者而言，付出的代價小到不值一提，而利益很棒——權力結構保持原樣。但並非每次都是如此。

在派伯和團隊記錄的四百二十五次入侵中，有一百零九次涉及好幾回合快速的激烈攻擊，派伯很必須努力才能跟上發生的事。「一切措手不及，」他說：「你只能待在獨木舟上，想辦法搞清楚發生什麼事。」

一般來說，低程度的攻擊是一隻鳥在水面上追逐另一隻，直到那隻鳥離開湖泊為止。而在二十五場比賽中觀察到升級的攻擊，則是其中一方直接撲向對手，接著雙方同時咬住對方的頭，在水面上拍打翅膀、互不相讓。一旦戰況升溫，某一方可能會將對手的頭壓到水中很長的時間。

一百零九次的攻擊中，幾乎有一半——大約是總入侵次數的一〇%——會導致權力結構改變，常住公潛鳥被驅逐，流浪潛鳥取而代之。

有時，派伯會看到**前流浪潛鳥巡邏新領域，發現輸掉第一輪並逃走的前領域擁有者時，會毫不留情的攻擊對方**。升級的攻擊必須付出高昂代價，這點讓潛鳥研究團隊感到十分驚訝。**在失去權力和被逐出領域的一週內，團隊追蹤到至少八隻，甚至可能多達十六隻公潛鳥死亡，牠們的頭部和頸部有撕裂傷，幾乎可以肯定是在幾天內輸掉的一連串戰鬥中所造成**。有些夠幸運、被驅逐後仍活下來的，最終落到了派伯團隊所描述的「附近空置、貧瘠的領域」。

這種致命的戰鬥在動物中非常罕見，通常發生在壽命很短、只繁殖一次的物種中。這是有道理的，因為一切都取決於那一輪繁殖。但是，潛鳥是長壽的鳥類，有些甚至可以活二十五至三十年，而且牠們會產下許多蛋，不只有一次繁殖機會。為什麼牠們獨立於規則之外？派伯和同事正在緩慢但確實的拼湊出真相。

致命衝突的受害者，通常是年長的公潛鳥，牠們曾經擁有成功育種經驗的優質領域。派伯發現，年輕的流浪潛鳥會以優質領域作為目標，而隨著常住公潛鳥年齡增長，約德爾叫聲會越發激烈，這表示牠們非常重視自己的家園。

問題是，公潛鳥隨著年齡的增長，重量會逐漸減輕。牠們的家園很豐饒，但牠們衰老的速度卻加快了，因為牠們多年來花費在飼養幼鳥的能量相當可觀。

隨著擁有領域的時間拉長，年長的領域擁有者更常發出約德爾叫聲，對流浪潛鳥變得更有攻擊性。然而，因為約德爾叫聲不只提供攻擊性的訊息，也能讓對手知道身體資訊，因此，流浪潛鳥可能從叫聲中得知，某領域常住公潛鳥是牠們出手的首選。

以上情況都有助於解釋，為何潛鳥會有爭奪優質領域的行為，為何戰鬥如此激烈，常住公潛鳥為何願意跟更年輕、更強壯的流浪潛鳥決一死戰，但這樣做真的值得嗎？一切取決於是否有其他選擇。

年輕的流浪潛鳥會奮力奪取地盤，然而，一旦出現失敗跡象，牠們便不會繼續戰鬥，也不願冒著嚴重受傷或死亡的風險。牠們只會繼續前進，並嘗試其他地方。但是，對於擁有豐饒領域的年長公潛鳥來說，必須承擔的風險完全不同，因為一旦被驅逐，牠就沒有能力再搶奪另一個豐饒的領域。

正如派伯所說，**到了晚年「生活卻脫離常軌」。因此，有如亡命之徒「必要時不惜戰死」的策略，可能是牠唯一的選擇。**

雖然擁有領域的潛鳥，就代表擁有權力，但這也讓他陷入拚死一搏的競賽中，必須跟危險的新手一戰，才能保有原先的優勢。

一切都取決於動物在追求權力時的行為模式。錯誤的選擇需要付出代價；而正確的選擇可能帶來豐厚回報，但回報也不是憑空得來。因此，**任何追求權力的動物，都必須不斷做出重要的選擇：決定挑戰誰，避免挑戰誰。**

另一個選擇則是，遇到挑戰時該怎麼辦？該撤退還是迎戰？如果迎戰，要打多久？考慮到必須承擔的風險，你可能會猜想，動物是否也會花費大量時間和精力，評估潛在對手？

答案是肯定的。

第三章

對手的對手，是敵人還是朋友

從道德主義者的角度來看，動物世界和鬥士的表演相比，程度是差不多的。

——英國生物學家湯瑪斯．亨利．赫胥黎（Thomas Henry Huxley），〈生存鬥爭：研究計畫〉（*The Struggle for Existence: A Programme*）

湯瑪斯．亨利．赫胥黎是一位不折不扣的維多利亞時代（按：英國維多利亞女皇〔Alexandrina Victoria〕統治時期，約為一八三七—一九〇一年）科學家。他在十九世紀英國弱肉強食的世界中長大，承認自己做過的工作包括參與「關於演化永無止境的戰鬥和小衝突」。

在查爾斯．達爾文（Charles Darwin）出版《物種起源》（*On the Origin of Species*）的前一天，赫胥黎曾寫信給達爾文安撫他：「至於那些只會胡亂叫罵的懦夫，請記得你的朋友多少都具有一定程度的好戰（儘管你不屑一顧），可能會對你大有幫助。我已磨尖了爪子和尖喙，我準備好了……如有必要，我在所不辭。」

赫胥黎樂於擔任達爾文代言人的角色。的確，達爾文稱他為「為我宣傳福音

（魔鬼的福音）的完美代理人」，而其他人則以赫胥黎自己發明的綽號稱呼他：「達爾文的鬥牛犬」。作為達爾文的代言人，以他對自然選擇概念的理解，赫胥黎針對權力有他個人的見解。以下敘述來自〈生存鬥爭：研究計畫〉，明確表達了他的觀點：

這些生物接受良好照顧，並準備戰鬥；最強壯、最敏捷、最狡猾的會存活下來，擇日再戰。旁觀者不用表示反對，因為仁慈派不上用場……最軟弱和最愚蠢的將被擊倒，而最堅強和最精明的，最適合應付各種情況，但不是各方面都最好的，將會存活下來。生命是一場持續不斷的自由搏鬥，超越有限和短暫的家庭關係，也就是霍布斯（按：Thomas Hobbes，英國政治哲學家）所說的「所有人對抗所有人的戰爭」，才是正常的生存狀態。

普通潛鳥和某些物種，有時符合鬥士的標準；但在大多數情況下，爭奪權力的過程遠比赫胥黎所描繪的更複雜、有趣；動物必須不斷評估同類和環境。這種細緻的評估行為，是潛在的有力工具，有助於牠們獲取並繼續掌握權力。

在加拿大寒冷的冬天，馴鹿會額外花時間和力氣去評估競爭對手；而愛爾蘭海灘上的寄居蟹、南美洲的矮麗魚（*Nannacara anomala*）、新英格蘭的皿網蛛（*Frontinella pyramitela*）、新奧爾良的黃蜂，以及法國南部的雲雀也不例外。

關於這一點，讓我們從加拿大守衛雪坑的馴鹿開始說起。

當母鹿也有角，雄性就不是對手

生物學家塞瑞爾．巴瑞特（Cyrille Barrete），在加拿大皮考巴（Lac-Pikauba）無建制地區（按：加拿大的行政區劃，該地區無地方政府，由省政府或地區政府直接管理）的大花園國家公園（Grands-Jardins National Park）研究馴鹿（又名角鹿）。

當氣溫降至攝氏負四十九度時，馴鹿會「站著，什麼也不做」；但當溫度稍微升高至溫和的攝氏負二十度左右時，馴鹿之間的權力展現也會隨之升溫。

沿著大花園國家公園外圍三十公里長的小徑，兩旁盡是茂密的落葉林、針葉林和苔原，這裡居住著熊、駝鹿、狐狸、豪豬、狼、猞猁（按：音同「舍利」，中型貓科動物）、加拿大松雞等動物。壯觀的景色，一路延伸至東邊二十五公里的沙勒瓦（Charlevoix）隕石坑，以及天鵝湖山、巨臂山和熊山群峰。

現今生活在大花園國家公園的馴鹿，其實算是新來的。一百多年前，該地區有成群的馴鹿，但大規模狩獵使馴鹿在加拿大瀕臨滅絕，直到一九六〇年代後期，展開大規模野放計畫，讓一群馴鹿在大花園國家公園裡重獲自由。

一九七〇年代後期，有筆資金挹注馴鹿的研究，巴瑞特抓住了機會。他開始在這裡做研究時，大花園國家公園裡一百五十頭馴鹿中，多數已是在野外出生。

巴瑞特的博士研究主題是赤麂（*Muntiacus muntjac*，鹿科動物），因此他對馴鹿略知一二。他樂觀認為，馴鹿可能會讓他更了解雄鹿的權力，以及雌鹿尚未被研究的權力動態，因為馴鹿是鹿科動物中，唯一雌性會長出鹿角的物種。

一九八〇年秋末，以及隔年同一時間，巴瑞特和同事丹尼斯．范代爾（Denis Vandal）從魁北克的拉瓦爾大學（Laval University）出發，來到大花園國家公園。這是趟長達一百五十公里的旅程，先是沿著一三八號公路向北行駛，接著往東順著聖勞倫斯河（Saint Lawrence River）往前開。到了大花園國家公園，他們便在一間小木屋安頓下來，一直待到四月下旬。

每天，他們要離開小木屋去觀察馴鹿，都是一大考驗。冬天時，他們會駕駛Ski-Doo雪地摩托車一小時，到達馴鹿漫步的開闊空地。

雖然，巴瑞特和范代爾兩人共乘一臺雪地摩托車其實也很舒適，但他們總是開兩輛雪地摩托車出去。巴瑞特回憶：「這是為了安全。如果在距離小木屋十五公里的地方被困住，就算有穿雪鞋，下場也會很慘。」

一旦找到正在研究的鹿群，他們一整天都必須待在寒冷的戶外（在那個偏遠地區，沒有躲藏或隱蔽處），將他們對馴鹿的觀察一一錄進手持錄音機。他們很快就知道所有鹿群成員的身分。

在冬天，大花園國家公園的馴鹿主要以地衣（按：真菌和藻類的共生體）為食。這給馴鹿帶來了一個問題，因為地衣通常埋在雪的深處。不過，對於研究權力的動物行為學家來說，這讓事情變得容易多了。

「大多數時間，牠們都在尋找食物，」巴瑞特說：「冬天在一．五公尺深的雪中尋找食物，吃到地衣時已經費了很大的勁。牠們得花很多時間在雪地裡挖坑，才能吃到地衣（或是休息）。這為社會互動創造了完美的環境……坑裡的動物會不斷輪替。」

早期，巴瑞特和范代爾詳細記錄這些馴鹿的權力樞紐，他們驚訝的發現，公馴鹿會評估自己跟對手鹿角的大小差異，並根據獲得的訊息做出後續反應。經過四百三十六個小時的觀察和記錄，證明他們的直覺正確：當馴鹿發生爭執時，牠們的確會評估對手。

全面戰鬥非常罕見（只有六次），但是小紛爭每天都會發生。他們觀察一萬一千六百四十次社會互動，其中三千五百次發生在雪坑；而有三七%的紛爭，發生在兩隻公馴鹿之間。

紛爭的一開始，兩隻馴鹿會將鹿角擺好姿勢、不斷調整，然後開始互推和扭打。當雙方的鹿角結束接觸時，任何一方都不會衝撞對方（不像在打架時那樣）。最終，一隻馴鹿撤退，離開爭奪的雪坑，比賽結束。

如果紛爭就是評估過程的一部分，且馴鹿事先不知道對手的體型和戰鬥力，巴瑞特和范代爾預測，有一半的紛爭會是由體型較小的馴鹿引起，另一半則是由體型較大的馴鹿引起，這跟他們的觀察不謀而合。而紛爭的結果也跟假說一致，九〇%的紛爭由體型較小的公馴鹿結束（意思就是輸了），通常只花三十秒。

不過，體型不是決定一切的因素：如果公馴鹿比對手年輕得多，年輕的一方即使鹿角更大，也多半會輸。這就表示除了鹿角大小之外，還有其他評估因素，雖然仍無法明確得知到底是什麼或如何運作。

此外，巴瑞特和范代爾也對母馴鹿的紛爭很感興趣。**馴鹿是鹿科動物中，唯一雌性會長出鹿角的物種**，過程及原因是複雜的問題。研究人員在二〇一七年對馴鹿基因進行定序，並與其他鹿種的基因序列比較，提出了可能的解釋，似乎跟荷爾蒙有關。某個單一基因相關的突變，會在馴鹿的受體（按：能傳導細胞外的信號，並在細胞內產生特定效應的分子）上產生一個額外的結合位點，引發少量激素，促進母馴鹿的鹿角生長。

為何自然選擇讓母馴鹿長出鹿角？跟權力有關。母馴鹿之間的互動相對較少，因此巴瑞特和范代爾轉而蒐集公馴鹿和母馴鹿之間，共一百一十場雪坑紛爭的數據。

通常，這些紛爭較不利於母馴鹿，無論是公馴鹿接近牠的雪坑，還是反過來。紛爭結束後，有八四％的機率，公馴鹿得以保留或進入爭奪的雪坑。

然而，如果參與紛爭的雙方都有鹿角，有鹿角的母馴鹿並不是毫無勝算。**每年十二月下旬至一月初，公馴鹿的鹿角會脫落**，但母馴鹿直到六月初分娩前都保有鹿角。這時，**公馴鹿和母馴鹿之間爭奪雪坑的互動，一切當然照著有鹿角那一方的劇本走。**

貝瑞特解釋：「公馴鹿一旦失去鹿角，就失去了社會地位。」

寄居蟹選殼就像買車，已經有了還要看看別臺

有些人認為，只有擁有一顆大腦袋、毛茸茸的大型生物，才有能力做這些複雜的評估，無脊椎動物則不可能出現這種戰略行為，這麼想的話，很容易落入思想的窠臼。

大錯特錯，並不是只有雪坑中強壯的馴鹿才會評估對手和環境，潮池（按：tidal

pool，岩岸地形中容易堆積海水的縫隙或凹洞，退潮後海水殘留，形成海洋生物聚集的地方）中的寄居蟹也是箇中高手。

對本哈德寄居蟹（*Pagurus bernhardus*）來說，除了尋找配偶之外，沒有什麼比找到一個好殼並搬進去更重要的事。

跟多數的寄居蟹物種一樣，本哈德寄居蟹的頭和胸部已經鈣化，但腹部並沒有。柔軟的身體不利於保護自己、對抗掠食者，而寄居蟹也針對這點採取因應措施。

自一九七〇年代後期以來就一直研究這些寄居蟹的羅伯特・艾爾伍德（Robert Elwood）解釋：「你不會見到沒有殼的寄居蟹。沒有殼的話，牠們就無法在大自然中生存。」外殼不僅能抵禦掠食者，還能保護寄居蟹不受鹽水濃度變化的影響，並有助於防止脫水。

然而，並不是所有外殼都符合使用條件，而且有些殼的條件就是比其他殼來得好。如果外殼太小，遇到危險時無法提供足夠的空間躲避；如果太大，拖著走動可能會很耗費體力。

有時，寄居蟹會找腹足動物（按：軟體動物的一種，絕大多數都有殼）的空殼搬進去，前任住戶可能已經死亡，或長得太大不敷使用。只有在極少數情況下，寄居蟹才可能會攻擊受傷的腹足動物，殺死牠，並搬進牠的外殼。

但是，多數條件較佳的外殼，其實都安放在其他寄居蟹的背上，而這些寄居蟹也很珍惜自己的殼。

不過，**好的外殼是閒置或在其他寄居蟹背上，其實都不重要。如果這個殼比寄居蟹目前擁有的殼更好，重點就是想辦法搬進去。**因為擁有一個好的容身之處，會加快生長速度，並促成更高的繁殖成功率。因此，寄居蟹的權力鬥爭圍繞著這些珍貴的、背上的家，一點都不奇怪。

一九七〇年代後期，艾爾伍德還在英國雷丁大學（University of Reading）就讀時，初次接觸到寄居蟹的研究計畫。當時，他對寄居蟹爭奪外殼的方式很著迷，但隨著課程結束，他以為再也沒機會研究寄居蟹了。

不過，到了一九七〇年代後期，艾爾伍德在北愛爾蘭家鄉的貝爾法斯特大學（University of Belfast）獲得教職時，寄居蟹又重新擄獲他的目光。那時，他正在思考能在當地進行的研究，他做了一些調查，發現大約一小時的車程外，就有「綿延

一．六公里的海灘，是研究寄居蟹的絕佳地點……只要一小時，我就可以抓到一百隻寄居蟹。」

他四處尋找，找遍每個淺潮池，天氣很冷，但他很快就發現有一群寄居蟹在岩石和潮池的雜草中跑來跑去。接著就是把牠們舀起來，放在有海水的桶子裡，帶回去他在大學的新實驗室。

從第一次抓寄居蟹之旅開始，他就知道寄居蟹的權力系統很適合做研究，因為他在潮池中，就看到好幾回合的戰鬥，在水桶裡也是。某次任務中，兩歲的女兒和他一起去海灘，他記得她低頭看著其中一個水桶說：「不要再打了，壞寄居蟹。」而寄居蟹仍打個不停，完全不理會這位年輕觀眾的道德標準。

艾爾伍德把重點放在公寄居蟹身上，因為母寄居蟹長時間攜帶蟹卵，他認為這會讓研究變得太複雜。

一開始，他先評估公寄居蟹尋找外殼的理想條件。他知道平頂玉黍螺（*Littorina obtusata*）的外殼是寄居蟹的最愛，儘管實際住進去後，牠們好像永遠都不滿意。

艾爾伍德把寄居蟹選殼的過程，比喻成汽車愛好者來到展示間，就算剛買了一輛新

車，也不忘看看有沒有更好的。

「無論你給寄居蟹多少外殼，」艾爾伍德說：「甚至，你認為牠已經有一個很好的外殼，牠們還是會過去看看新的。」

艾爾伍德的早期研究，跟寄居蟹的外殼偏好有關，並沒有涉及寄居蟹之間的權力和戰鬥，而只是一系列的選擇實驗。車子的比喻雖然很有趣，但艾爾伍德並不滿足於此，他想要弄清楚寄居蟹如何賦予外殼價值。

艾爾伍德針對已知大小的寄居蟹，估算出最適合牠們的外殼，建立一個新穎的實驗。在這個實驗中，艾爾伍德操控可供寄居蟹使用的空殼品質（最佳品質的二五％或一〇〇％），以及寄居蟹目前居住外殼的條件（最佳品質的二五％、五〇％、七五％或一〇〇％）。

為了讓每隻寄居蟹住在配合實驗的外殼裡，艾爾伍德必須先把牠們弄出原有的殼（「我們用畫筆搔癢寄居蟹的腹部，牠們受不了就會跑走。」他笑著說），再將牠們放入適當的外殼中。接著，他會用黏土把一個空殼的入口堵住。

假設跟其他的組合相比，這個被堵住的外殼，比牠自身的殼更好，牠就會花大量時間，試圖繞過艾爾伍德設下的黏土障礙，想辦法進入優質的外殼。而實驗證明正是如此。

艾爾伍德讀了一篇生物學家布萊恩·黑茲萊特（Brian Hazlett）所寫的簡短論文後，加速他針對寄居蟹權力的研究。在這篇論文中，黑茲萊特認為寄居蟹會針對外殼進行談判。雖然艾爾伍德的研究結果證明，寄居蟹並不會談判，但他和同事安排了一系列實驗，揭示圍繞著外殼爭奪的寄居蟹權力動態，非常有趣。

除了接近和撤退，寄居蟹的戰鬥還包括抓住對方、爬上對手背上的殼、探入對手的殼，以及搖晃外殼（攻擊者會緊緊抓住對手的外殼，並來回晃動）、撞擊外殼（利用腹部肌肉和步行腿的力量，讓自己的外殼撞對手的外殼）等。艾爾伍德觀察著這一切，利用密封在橡膠（其實，是一個保險套）裡的水中麥克風，測量敲擊聲造成的聲壓（測量撞擊強度的指標）。

艾爾伍德蒐集許多數據，包括撞擊的次數和時間、撞擊之間的間隔、攻擊之間的間隔，以及最重要的撞擊強度，寄居蟹可能會以此來衡量攻擊者的力量。他發現，**一旦攻擊者持續攻擊，而防守者決定放棄時，攻擊者就會知道輸家做出的決定**

——艾爾伍德仍然不知道確切原因。

此時，攻擊者會抓住防守者，將其拉出外殼，並將被擊敗的對手丟到一旁。接著，牠會搬入輸家的外殼，在仔細檢查新外殼的同時，牠仍抓住原來的殼，擔心自己之前是否看走眼，不過，這種情況很少發生。艾爾伍德說：「攻擊者做出最終決定後才會走開，讓沒殼的防守者去拿贏家的舊殼。」

艾爾伍德和他的合作夥伴芭芭拉．多茲（Barbara Dowds），在一項關於權力的實驗中，比較了成對的寄居蟹，在四種不同情況下的行為，並發表一篇名為〈外殼戰爭〉（*Shell Wars*）的論文。

實驗中，他們將體型不同的寄居蟹，放入首選的平頂玉黍螺外殼中，或次優的小海螺外殼中。在這次實驗的兩個組別中——其中一組的每隻寄居蟹，都被放入平頂玉黍螺殼內；另外一組則是每隻都放在海螺殼內——較大的寄居蟹將別隻寄居蟹趕出外殼，對牠而言並沒有好處。

而在更有趣的實驗組中，分成兩種情況：第一種，較大的寄居蟹待在首選的平頂玉黍螺殼中，較小的則待在海螺殼中；第二種，讓較小的寄居蟹待在比較好的殼裡，而較大的待在次等的殼。接著，利用一個簡單的裝置，讓牠們敲擊鍵盤以記錄不同的行為，艾爾伍德和多茲則為隨後的外殼戰充當播報員。

寄居蟹似乎正在評估雙方的體型與力氣，以及比較牠們和對手的外殼品質。在九三％的試驗中，體型較大、更強壯的公寄居蟹會發起攻擊，這是比預期高很多的比例，因為若動物無法評估對手體型與力氣的話，比例並不會那麼高。

而且，有七五％擁有次等外殼的大寄居蟹，會將小寄居蟹從首選外殼中驅逐，確保自己拿到一個更好的家，而這可能是攻擊者和防守者評估外殼類型、體型與力氣等項目後形成的結果。而另一方面，當小寄居蟹在次等殼、大寄居蟹在優質殼中，驅逐的比例則只有三．六％。

在外殼戰爭中，抓握、攀爬、探查、搖擺、撞擊和驅逐的種種行為，相當耗費體力。因此，艾爾伍德和同事馬克．布里法（Mark Briffa）開始研究寄居蟹搶奪外殼時，必須付出的代價。

對於攻擊者來說，代價就是積累乳酸，這是產生能量的代謝過程中會出現的副產物，當寄居蟹越常撞擊外殼，就會產生越多乳酸。

而防守方承受的後果則不那麼直覺：當攻擊者的撞擊沒那麼暴力時，防守方反而會將更多的肌肉肝醣，轉化為葡萄糖和能量。

為什麼寄居蟹對付沒那麼強大的對手時，反而會產生更多能量？布里法和艾爾伍德提出疑問。雖然蒐集的數據無法直接提供解答，但他們推測，當防守者感覺攻擊者不強時，牠評估自己能抓住對方外殼的機會相對較高，因此值得投注能量。然而，如果自己被攻擊者驅逐的可能性較高，把再多的肝醣轉化為葡萄糖也沒用，不如將肝醣儲存起來，以供未來使用。

評估敵人就像抽樣調查，樣本越多越準

在艾爾伍德和同事研究寄居蟹權力動態的同時，其他動物行為學家也正在建立和測試模型，了解「評估對手」這件事在爭權中所扮演的角色。然而，沒有人想到這些模型會跟核子戰爭有關。

「我讀過鷹鴿賽局的理論，但我認為，這不是動物的戰鬥方式。」斯德哥爾摩

大學的動物行為學家馬格努斯・恩奎斯特（Magnus Enquist）說：「動物擁有很多資訊，而且，我發現牠們會利用類似統計的過程，隨著時間而做出更好的評估。」於是，他決定需要有一種以評估為基礎的新模型，用於衡量動物的權力。

雖然恩奎斯特從三歲起就是個狂熱的博物學家，大學時卻選擇主修數學，因此他有建立數學模型的經驗。一九七九年，他在斯德哥爾摩大學進行論文研究，便開始構建缺少的模型。

但他不是孤軍奮戰，而是跟另一位博士生歐洛夫・萊馬爾（Olof Leimar）合作，後者當時正在研究理論物理學。「物理學只剩下少數大問題，並且都非常艱澀。」恩奎斯特說。因此，萊馬爾會有興趣將發展中的建立模型技巧，應用到生物學的問題之中，恩奎斯特一點也不驚訝。

一九七三年，梅納德・史密斯和普萊斯引進政治學和數理經濟學模型，修改後建構出鷹鴿賽局。當時，恩奎斯特和萊馬爾剛開始合作，在動物行為學中建構數學模型，相對而言仍處於早期階段，因此，他們也參考其他領域，尋找能用來建立模型的工具。

最後，他們選擇來自保險數學領域的模型。這其實並不奇怪，因為保險精算師特別重視統計抽樣過程，而恩奎斯特和萊馬爾認為，統計抽樣過程對於權力的建立十分重要。

一九八三年，恩奎斯特和萊馬爾推出所謂的「**連續評估模型**」（sequential assessment model）。該模型**假設一旦進入打鬥，一開始參賽者對彼此戰鬥能力訊息的了解是不完整的，而他們會在互動中，不斷重新評估自己和對手的戰鬥力。**

在此模型中，評估對手的戰鬥力，就類似統計抽樣過程。**對戰鬥的單一評估就像單一抽樣，會造成重大失誤，當抽樣（評估）越多，錯誤率越低，就能讓動物在評估對手戰鬥力時增加信度。**

連續評估模型檢視爭奪權力的激烈程度，從溫和到危險不等。該模型預測，個體應該會從最不危險（最溫和）的攻擊行為開始，互探底細，直到跟該行為有關的可用訊息耗盡。

接著，預測繼續，使用下一階最具威脅的攻擊行為，再一次抽樣到關於對手和行為的可用訊息耗盡。之後，再加上更具威脅的行為並採樣，直到有一方認為其獲勝的可能性微乎其微，是時候結束比賽了。

勢均力敵的對手，必須做最多次抽樣才能分出勝負，該模式還預測這樣的競賽會持續最久，並且會升級到最危險的攻擊行為。

在恩奎斯特和萊馬爾建立連續評估模型的同時，恩奎斯特在斯德哥爾摩大學所屬的動物學系，剛好正在研究矮麗魚（又名金眼短鯛，為慈鯛科的一種魚）的交配行為。

矮麗魚原產於蘇利南（Suriname，位於南美洲北部），其學名中的*Nannacara*意思是「小臉」，因為這種魚從頭部到尾巴，只有五公分長。

恩奎斯特曾經參觀過同事的實驗室，他們對矮麗魚的研究並不著眼於交配行為，而是把重點放在權力的研究上。他著迷於自己所看到的景象：公魚形成優勢位階，攻擊性互動的範圍從相當無害的「改變顏色」和接近對手，到更具威脅性的拍打尾巴、嘴巴摔角和「繞圈圈」；最危險的情況是，魚會繞圈圈游動，並不斷嘗試咬傷對方。當其中一方收起魚鰭，並改變顏色表示投降時，攻擊行為才會停止。

恩奎斯特、萊馬爾和其他團隊成員，錄下一百零二對公魚之間相遇的各個階段。在某些配對中，兩隻公魚體型差不多，而其餘組別則是其中一隻公魚體型較大。

針對影片的分析顯示，正如連續評估模型所預測，公魚幾乎總是從最不危險的攻擊行為開始，之後才會進階到拍打尾巴，如果有必要則進行嘴巴摔角，偶爾進展到繞圈圈。

更重要的是，針對這些慈鯛的事先研究發現，牠們非常擅長評估雙方體重，且正如模型預測，如果雙方體重差不多，恩奎斯特和同事錄下的打鬥時間就會更長。

連續評估模型有了一個好的開始。只不過，套用在慈鯛以外的生物時，一樣能做出這麼精確的預測嗎？這次，恩奎斯特和萊馬爾邀請史蒂芬・奧斯泰德（Steven Austad）加入試驗，並設法找出答案。

史蒂芬・奧斯泰德已經習慣人們突如其來的不尋常邀請。他是哈佛大學生物與演化生物學系（Department of Organismal and Evolutionary Biology）的動物行為學家，研究皿網蛛，並測試另一種攻擊行為的賽局理論模型，稱為消耗戰（war of attrition）。這些蜘蛛體型小，又不引人注意，名字的由來是因為牠們織的網很奇特，看起來就像上下顛倒的杯盤組。

奧斯泰德認為，自己的研究只是出於對蜘蛛權力的興趣，沒想到會被邀請到國際核政策研討會上發表研究成果。然而，這件事就是發生了。

那次會議是由經濟學家湯馬斯・謝林（Thomas Schelling）發起，他因在衝突和合作方面的研究，獲得了諾貝爾經濟學獎。謝林告訴奧斯泰德，賽局理論模型必須能在簡單系統和複雜系統中測試，而蜘蛛剛好符合前者的要求。因此，奧斯泰德欣然前往，站在一群核武器專家面前，解釋皿網蛛的賽局理論。他們之中多數人對蜘蛛的了解，並不比他對原子彈的了解還多。

「我談起蜘蛛，大概有三分之一的時間我都在表示歉意，不明白自己為什麼在那裡，沒想到他們聽得很專心。」奧斯泰德開玩笑說：「當下，我有點擔心核子策略掌握在這些人手中。」

奧斯泰德聽說了連續評估模型，也知道恩奎斯特和萊馬爾以慈鯛做試驗。一九九〇年代初期的某一天，恩奎斯特從斯德哥爾摩打電話給他，問他是否願意利用蒐集的蜘蛛數據，測試模型的預測成果。不過，此時他還不太確定要如何進行。

「老實說，一開始我沒把這件事看得太認真，」奧斯泰德回憶：「他們需要世界上最高的計算機能力運行數學模擬……我想，要複製出蜘蛛內在的運算能力，是不可能的。」

儘管如此，奧斯泰德認為還是值得一試。因此，恩奎斯特和萊馬爾提議他飛到斯德哥爾摩，花一週重新分析蜘蛛數據，以測試他們所提出的模型。

奧斯泰德在實驗室裡，為皿網蛛舉辦三百零四場比賽，並蒐集數據。首先，他把一隻母蜘蛛放進一個塑膠容器中，容器中有些可織網的基材，母蜘蛛很快就開始結網。在其中兩百場比賽，他將一隻公蜘蛛和母蜘蛛一起放入容器中，在牠們交配後，他又加入第二隻公蜘蛛；而另外一百零四場比賽中，母蜘蛛在容器中結網後，他同時放入兩隻公蜘蛛。

所有實驗他都坐著觀看，並記下比賽的過程。

「公蜘蛛們經歷了一番纏鬥，」奧斯泰德描述當時情景：「牠們扭打、互鬥。牠們纏鬥時，會鎖住對方的下巴和腿不動。通常在某個時候，其中一隻公蜘蛛會突破重圍，接著逃之夭夭。」

儘管蜘蛛的數據無法進行該模型的全面測試，但能讓奧斯泰德、恩奎斯特和萊馬爾測試預測是否準確：實力相當的對手，戰鬥應該會持續最長的時間。

「結果非常接近，」奧斯塔德說：「我很驚訝這個模型能夠複製。恩奎斯特和萊馬爾試圖將結果量化，但我認為這對蜘蛛來說要求太多了。不過，我對實驗的效果還是感到非常驚訝。」

防衛領域和領域上的資源

權力，有時與對環境的控制有關。對動物來說，那通常代表著對領域的控制。誰能控制領域和領域上的資源，任何能減少這點不確定性的行為，就往往會受到自然選擇的青睞。此類行為使掌權者受益，不需要浪費時間評估（或重新評估）空間界線，而弱勢者也能知道哪些區域已被占據，哪些區域沒有。

一九九〇年代初期，生物學家佩芮．伊森（Perri Eason）在加州大學戴維斯分校（University of California, Davis）讀研究所以來，一直在思考權力，以及她所謂的「戰術防禦」（tactical defensibility）。那時，她的論文研究是探討秘魯紅頂蠟嘴鵐

（*Paroaria gularis*）的社會行為。

「湖岸邊有成對的鳥兒，」她回憶：「我的樣本量很小，但是在我看來，牠們的邊界似乎是沿著地標設置，我對邊界的本質很感興趣。接下來二十年，我的興趣不減反增，但在野外很難找到適用的例子。」

結果，新的機會在一九九四年找上她。有一天，她在路易斯安那州門羅大學（University of Louisiana Monroe）辦公室的電話響起，電話那頭的女人，希望生物系能派個人過來看看她院子裡的黃蜂。雖然黃蜂不是她的專業領域，但伊森聽到的聲音「非常客氣，我為她感到難過，她似乎很無助……為了安撫她，我說我會去看看她的黃蜂」。

她到了那裡，看到五百隻殺蟬泥蜂（*Sphecius speciosus*），「在她的院子裡捍衛自己的領域，那個景象很嚇人……我只能站在那裡。樹上掉下來一根棍子，我把它扔過去，只是為了好玩，想看看會發生什麼事。結果，兩隻雄性黃蜂立刻占據棍子兩側，捍衛各自的領域疆界。」牠們似乎熱愛找界線來劃定權力範圍。

很快的，伊森就在修剪整齊的後院展開實驗，而房子的主人非常開心。「有人對她的黃蜂感興趣，」伊森說：「有人也覺得這些黃蜂很酷，她為此感到高興，每天都會請我喝檸檬水。」

伊森首先在院子裡布置一個網格，將綠色標記的小木樁插入地面，一公尺一個。再來她捕捉六十二隻黃蜂，將牠們冷凍，並使用瓷漆在牠們腹部做了獨特的顏色標記。

接著，她監視黃蜂的追逐和巡邏飛行，繪製黃蜂在草坪上建立的領域。她去了一趟五金行，買了三十個木釘，並隨意放在院子裡，看黃蜂是否會把木釘當作標記。結果一如所料，三十個木釘都被黃蜂用來當作邊界標記。

但伊森想知道的不只如此。她想知道黃蜂為何如此熱衷於使用地標作為邊界，牠們能從中得到什麼？

她假設：地標能降低領域的防禦成本，因為所有黃蜂都能看清楚強者的家，因此花在評估邊界的時間和精力，可以壓到最低。

為了驗證這個想法，伊森再度回到新朋友的草坪，放置了十五對木釘，兩兩平行，距離約九十公分。毫不意外的，木釘很快就被黃蜂用來當作邊界，黃蜂之間一下子就有了十五個明確界定的全新領域。

伊森以一定規則放置這些木釘，讓每一塊黃蜂的地盤，都會被四個相鄰的領域包圍；而任一劃定的領域，相鄰領域都有兩個會以木釘為界，剩下兩個則沒有。接著，伊森就坐著觀察黃蜂如何花時間防衛。

正如她所推測的，在沒有木釘為界的相鄰領域，黃蜂必須評估邊界，因此牠們明顯花費更多時間和精力在攻擊的互動之上。

一年後，伊森搬到了路易斯維爾大學。儘管她把黃蜂和檸檬水留在路易斯安那州，卻把對權力、邊界和領域的興趣，一起帶來了路易斯維爾。

出於種種原因，她建立了自己的實驗室，研究魚類的社會行為，並在二〇〇三年，利用剛果隆頭麗魚（*Steatocranus casuarius*）在實驗室進行了邊界和地標的早期實驗。

在同一年，理論家麥可．麥斯特頓—吉伯斯（Michael Mesterton-Gibbons）和埃爾德里奇．亞當斯（Eldridge Adams），也發表了一項賽局理論模型，指出在某些條件下，動物會偏好以地標作為邊界。

但是，伊森仍渴望再度前往野外做試驗。剛果隆頭麗魚原產於非洲，但距離路易斯維爾比較近的地方也有很多慈鯛（按：剛果隆頭麗魚為慈鯛科的一種），例如尼加拉瓜的火山口湖，於是她和研究生皮優米卡・蘇利亞寶拉（Piyumika Suriyampola）決定前往尼加拉瓜。

她們的目的是研究地標和領域，但是要以哪種慈鯛為研究對象？

「我去了一趟尼加拉瓜，」伊森回憶道：「那裡有很多慈鯛物種，我認為其中一種可能適合。」有人建議她某一種慈鯛是合適選擇，但她想不起是哪一種。結果，好像任何一種都可以。

「於是，我蒐集了其中兩種慈鯛，」伊森笑著說：「這花了我在尼加拉瓜的全部時間。」

二〇一一年三月，伊森和蘇利亞寶拉第一次來到希洛亞湖（Lake Xiloá），在好幾天的水肺潛水後，她們選擇了橘斑嬌麗魚（*Amatitlania siquia*）這種慈鯛，完全符合她們的實驗目的。她們的計畫是研究繁殖中的雄魚與雌魚，如何建立自然的領域，並針對這些領域環境進行實驗。

六天裡，每天早上和下午，伊森和蘇利亞寶拉穿上潛水裝備，開始尋找繁殖中的魚。花五分鐘讓一對橘斑嬌麗魚習慣她們的存在之後，她們會觀察魚在哪裡驅趕入侵者，以此作為根據，繪製出這對魚的領域。

她們還在水下手寫板記錄領域邊界的明顯地標，例如岩石或藻床。完成以上的步驟後，再尋找下一對繁殖中的魚。

根據她們的觀察，擁有較多地標的領域通常較小，或許是因為在居民和入侵者眼中，沒有地標的領域較難以界定；而領域地標較少的魚，相較於領域中較多地標的魚，會將入侵者驅離到比牠們認為的合法家園更遠的地方。

一年半後，伊森和蘇利亞寶拉又回到希洛亞湖，這次她們帶了空的錫（啤酒）罐、塑料植物，以及實驗計畫，想要更深入了解邊界在慈鯛的權力鬥爭中所扮演的角色。

她們將移除頂部的空罐作為繁殖巢穴，而外觀類似湖中原生藻類的植物，則作為地標。她們設計出不同樣態的邊界地標：在一些罐頭旁邊，放置一株植物；另一些罐頭旁邊，放置一排四株植物；還有一些罐頭附近，則完全不放置植物。

不到二十四小時，成對的魚開始在罐頭周圍形成領域。沒有人工地標時，慈鯛會建立圓形領域，繁殖巢（罐頭）會在每個領域的中心。而如果有地標存在，牠們的家園會變得更小，且魚會將植物當作邊界，這意味著繁殖巢（罐頭）會靠近邊界，而不是位於領域的中心。

回想殺蟬泥蜂和慈鯛，伊森說實驗結果讓她感到驚訝：「牠們對地標的反應如此之快。本質上都是一樣的……**你放下一根棍子，黃蜂就會立即使用；你放下一塊石頭或一株植物，魚也立即採用。牠們都渴望原本不存在那裡的東西。**我想人們會感到驚訝，這麼小的東西，竟能產生如此巨大的影響……影響著動物的行為。」

你是親愛的敵人還是敵對的朋友？

不管有沒有地標，一旦動物建立領域，各自的權力範圍就會到位；鄰居對彼此很了解，因為經歷了互相評估的過程。雖然，鄰居有時還是會向自己發起挑戰，或嘗試接管領域，但至少個體知道自己面對的是什麼樣的對手。

六十多年前，英國鳥類學家詹姆斯·費雪（James Fisher）提出既定鄰居之間的友好，本身就是一種選擇力，因為**鄰居是「堅固的社會連結，用人類的術語來說，就是『親愛的敵人』或是『敵對的朋友』」**，在當權者之間建立了一個不穩定的聯盟。之所以容忍親愛的敵人，有部分原因是出於事先評估。而外來者會建立新的評估和權力鬥爭，則不在此列。

早期對親密敵人的研究，包括紐約州立大學奧爾巴尼分校（State University of New York at Albany）的生態學家羅伯特·傑格（Robert Jaeger），他把重點放在領域擁有者遇到特定鄰居（親愛的敵人）和外來者時會如何反應。

傑格研究的對象是紅背蠑螈（*Plethodon cinereus*），牠們主要是透過氣味確定方向，並辨認出誰是誰。他結合領域的田野觀察，和實驗室的對照實驗，測量領域擁有者與已知鄰居或不熟悉的紅背蠑螈互動時，所採取的攻擊行為。

比起親愛的敵人，蠑螈會更頻繁的攻擊和咬外來者。牠們攻擊時主要針對鼻子，蠑螈的鼻唇溝對於透過嗅覺捕捉獵物特別重要；後續研究更詳細說明，這種咬傷如何降低受害者的覓食能力。

第二個最常見的咬傷部位則是尾巴，有時會導致自體切除術，受害者會讓自己的尾巴脫落，也拋棄尾巴裡面大量儲存的脂肪。

紅背蠑螈對待牠們的近鄰有如親愛的敵人。但在一些社會系統中，例如生物學家艾洛蒂・布里芙（Elodie Briefer）研究的歐亞雲雀（*Alauda arvensis*），棲息於某個地區的眾多個體之間，通常有共通血緣，牠們被視為親密敵人的概念可以更廣泛解釋，類似於親鄰效應（dear neighborhood effect）。

二〇〇五年，布里芙在法國奧賽（Orsay）附近的巴黎—薩克雷大學（Université Paris-Saclay）完成碩士論文時，一開始是研究雲雀的叫聲。

「我想要在野外研究動物行為。」她說：「我曾做過一個關於鸚鵡的小型研究。最後，我問了生物聲學實驗室的人，有沒有我能做的研究，他們告訴我有一個關於雲雀的研究。」

她的碩士研究主題，是動物學家蒂埃里・奧賓（Thierry Aubin）曾做過的研究延伸，他是生物聲學實驗室的負責人，二十年前曾研究過雲雀的叫聲。

「蒂埃里沒有繼續該項研究，」布里芙補充：「我認為，他只是想找個人來做這件事而已。」

不過，對於一個有抱負的碩士生來說，這個理由就已經足夠了，布里芙在這個有趣的系統中取得立足點，很快將這項研究延伸到論文之中。

每年二月底至六月下旬或七月初，是雲雀的繁殖季節，布里芙每一天都會去研究大學附近的雲雀族群。她知道這樣的田野工作相對簡單。她的研究目標，是身長約十五公分、重量不到六十克的小鳥，正在奧賽附近的美麗田野築巢。

布里芙笑著補充：「牠們只會在上午九點至十一點之間唱歌，這樣很好。而且，下雨或風太大時，牠們也不唱歌。我會開著我的小車去，找到一個相對安靜的地方，離大馬路或飛機不要太近……如果我找到一個好地點，就會每天都去做紀錄。」

她最初的研究重點，是繪製領域和破解鳥類的叫聲。雲雀在地上築巢，而雄性會飛越牠們的領域，這意味著她可以透過觀察雄性飛行的範圍，繪製出其領域範圍。

使用上方裝設抛物面反射鏡的全向式麥克風，布里芙可以錄下鳥兒的歌聲——由許多不同的聲音或音節所組成——也是公鳥在其領域上空飛行時唱的歌。

接著，她會用聲譜圖分析歌聲，測量音節的持續時間、連續音節之間的靜止時間、每段歌聲的持續時間，以及「樂句」（由不同音節所組成的句子不斷重複）的各種屬性。

布里芙很快就發現，雲雀生活在由小塊領域所組成的社區中，跟其他社區距離好幾公里。這種社會結構並不罕見，但特別的是，在她所觀察的五個社區中，每個社區的鳥兒都會用自己獨特的「方言」歌唱。

布里芙如此描述這些方言：「在歌聲中重複共同的句子，這些句子通常有七十個音節，並由特定地區的公鳥共享……兩公里以外，就不會有這些共享的樂句。音節由相同單位組成，但不是按照相同順序排列。」

從布里芙的觀察和聲譜圖的分析中，可以清楚發現這些鳥「對外來者反應強烈，但是對鄰居不會」。**對繁殖中的雲雀而言，外來者的定義似乎不是對方的領域是否與自己接壤，而是牠是否能唱出該地區的方言**。

布里芙推斷，也許鄰里層面的親敵效應（dear enemy effect）正在發揮作用：除了領域內的個人權力範圍之外，對鄰里雲雀的歌聲評估，則創造出一個共享的權力範圍。

為了驗證這個想法，布里芙和同事進行了一系列實驗，針對領域擁有者，播放不同鳥類歌聲的九十秒片段。她們針對某領域的公鳥，播放三種不同類型的歌聲：一首來自他的社區、一首來自不同的社區，以及一首組合曲，由來自不同社區的歌曲組成，布里芙在其中加入了領域擁有者所說方言的部分內容。

布里芙把喇叭放在公鳥家園內，距離邊界的五公尺處，並播出歌聲，等牠飛越該領域時，布里芙會觀察牠對領域附近飛行的公鳥採取什麼行為，以及牠落地和靠近喇叭時的行為等。

實驗結果證實了她最初的猜測：雲雀會利用方言相同與否，將其他鳥類歸類為鄰居或外來者。

比起鄰居的歌聲，當公鳥聽到來自不同地區的鳥兒歌聲（或組合曲）時，更有可能趕走飛近其地盤的其他鳥類。當公鳥在地面上時，如果播放的是來自另一個地區的雲雀歌聲，牠更有可能接近喇叭，這跟做出驅趕行為前所做的評估一致。

布里芙發現，歌聲是來自領域緊鄰的隔壁鄰居，或社區中較遠的鄰居，並不重要——該社區的所有鳥類，都被視為親愛的敵人，而不是外來者。

然而，權力並不總是由雲雀鄰居共同分配。布里芙和團隊觀察到，隨著雲雀繁殖季節到來，鄰里層級的親敵效應，會因為生態和行為環境的變化而改變。

研究小組發現，從二月下旬到四月中旬，當公鳥建立領域時，鄰里層面的親敵效應完全沒有發揮作用：隨著領域形成，公鳥將所有鳥類都視為外來者。

而到五月中旬，領域已經建立，雌鳥產下一窩蛋，鄰里層級的親敵效應充分發揮。該地區鳥類的存在被容忍，但其他地區的外來者則不。

接著，六月下旬幼鳥孵化，雲雀又故態復萌，將所有鳥類都視為外來者。

這個發現，一開始讓布里芙感到很困惑，但她後來想清楚了：六月下旬開始，幼鳥會離開巢穴，四處走動及學習飛行。一連串的事件導致許多混亂，活潑的幼鳥不斷越過邊界，父母追著幼鳥跑，可能會使領域擁有者對任何靠近其權力範圍的雲雀更加敏感。

在馴鹿、寄居蟹、慈鯛、蜘蛛、黃蜂和雲雀身上，我們看到動物會為了追求權力，對對手進行戰略評估，這點在群居動物的競爭中無處不在。為了確保並維持權力，任何關於潛在對手的訊息都非常重要。

接下來，我們會發現，動物蒐集的每個資訊都是關鍵情報：包括**你最近輸或贏了一場比賽、你現在的對手最近是贏或輸，以及是否有同類正在觀察你等。涉及權力時，一切都是重點。**

第四章

勝者效應與敗者效應

當我越了解人類，就越喜歡渡鴉，如果我有所謂的宗教儀式，看著這些鳥兒便是。

——美國小說家路易絲．厄德里奇（Louise Erdrich），《彩繪的鼓》（*The Painted Drum*）

任何看過渡鴉的人，都知道牠們有多麼聰明和善於交際。維也納大學的動物行為學家湯瑪斯．邦亞（Thomas Bugnyar），見過這些神奇的鳥兒無數次，但他從未想過會把自己的人生精華，都花在研究牠們的聰明和善於交際，以及這些特徵如何影響渡鴉的權力結構。

有一天，他登上北奧地利阿爾卑斯山。「那裡有個人工飼養渡鴉的野外據點，我有個朋友是成員之一。」邦亞回憶道：「我對這些鳥兒印象深刻，因為牠們的行為其實不太像鳥，比較像小狗。」

如果那一次的造訪還不足以引起他的注意，那麼不久之後，當他自己加入渡鴉研究小組時，其中一隻鳥則使他成為渡鴉的忠實信徒。

他研究的渡鴉都是成對安置，其中有一對渡鴉中的一隻逃走了，留下的那隻「有好幾個月都獨自在家」，邦亞說：「那段時間，我每天午休時間都會陪牠玩，提供一點陪伴，我也鼓勵其他人和牠互動，因為牠很無聊。」

邦亞偶爾會給他的渡鴉朋友一塊起士當作點心。某次，他口袋裡有一小片起士，於是他將手伸進口袋，想拿出起士。那時渡鴉正坐在他的手臂上。

「我拿出起士給牠看，」他說：「牠一看到，就以非常快的速度去叼，我被牠的快速嚇到縮回了手。鳥喙又尖又長，如果碰到的不是起士，而是你的手指，你會痛死。」

結果，渡鴉直視著他的眼睛，並說了一聲「aua！」這是德語中的「哎唷（ouch）！」——渡鴉肯定是從人類朋友那裡聽過有人這樣大叫。

「我對牠說：『不，還不到aua的程度，你給我乖一點。』」邦亞說：「我的解讀是，牠預期我會說『aua』以回應牠的行為……牠在完全正確的情境中，使用了人類的表達方式。當時，牠所處的是人類的社會環境，因此牠試圖理解我們在做什麼。而這也說明了為何我最終選擇叫聲，作為了解牠們實際想法的窗口。」

而且，後來邦亞也發現，這是深入理解牠們權力結構的最佳選擇。

渡鴉政治學：何時該呼叫支援

一九九〇年代中期，當邦亞以研究渡鴉為題攻讀博士學位時，幾乎找不到比這裡更風景如畫的研究場地了：康拉德．洛倫茲野外工作站（Konrad Lorenz Field Station），位於維也納以東約兩百三十公里處，鄰近奧地利阿爾卑斯山格呂瑙（Grünau im Almtal），坐擁鄉間的田園風光。

該工作站位於山谷中，是數百隻渡鴉的家園，其中多數都已戴上腳環，並做了個別標記。此外，工作站也是野生公園的一部分，是許多狼、熊、鹿和其他動物生活的荒野。

邦亞說：「公園裡不時會看到圍欄。」一部分圍欄裡還飼養著野豬，每天由工作人員餵食，總是有足夠的剩菜讓渡鴉吃掉牠們那一份（牠們不請自來），因此邦亞知道渡鴉的蹤跡，以及牠們何時會出現在那裡。

他讓渡鴉習慣人類的存在，可以在牠們十公尺的範圍內走動，而由於很多渡鴉身上都有做記號，邦亞的團隊能分辨渡鴉的身分。公園裡有些身上有標記的鳥，已經在這裡生活了十五年；有些則來來去去。

從研究生時期開始，邦亞就年復一年的回到工作站，持續他至今長達二十五年的研究。他和學生們帶著雙筒望遠鏡和錄音機，觀察與聆聽數以千計與權力相關的互動。

渡鴉的權力鬥爭採取多種形式，包括進退的順序（只要一方靠近，另一方就會立即後退）、被迫撤退（渡鴉受到威脅後撤退），以及真正的戰鬥——使用尖銳的鳥喙和爪子搏鬥。

從鳥類的角度來看，邦亞和團隊是不值得留意的觀眾，但由其他渡鴉組成的觀眾則是另一回事。

身為攻擊行為受害者的渡鴉，會發出「防衛叫聲」，而邦亞和團隊研究發現，**旁觀者有時會來協助發出呼叫的受害者。**

邦亞總結：「呼叫者在尋求協助，並傳達出『我現在有麻煩了』的訊息。」但他覺得事情不只如此。

「有時候會有鬥毆事件，受害者會抓狂似的嚎叫，即使只是輕微的毆打……我覺得似乎有點反應過度。」他說：「但有時候，明明是相當激烈的毆打，牠們卻保持安靜。」

他開始思考，觀看和聆聽的渡鴉觀眾群成員有誰，或許是造成差異的原因。二〇一〇年，邦亞和他的研究生喬吉妮・史尼普（Georgine Szipl）、伊娃・蘭傑（Eva Ringler），在一項名為「渡鴉政治學」（Raven Politics）的大筆捐款資助下，決定進行更深入的研究。

團隊錄下渡鴉被迫撤退時的互動。當受害者發出防衛叫聲時，他們記錄呼叫持續的時間和次數。此外，他們還蒐集了二十五公尺的互動範圍內，其他渡鴉的身分訊息，利用長期累積的資料庫，將每個旁觀者分類為受害者或攻擊者的親人（或者都不是）。

他們還認真查看紀錄，確認旁觀者與受害者或攻擊者之間，是否有強烈的社會連結，衡量標準在於兩者是否曾經交配，或是曾有過互相理羽之類的親密行為。

邦亞和同事發現，**當渡鴉爭奪權力落敗時，會根據觀眾的性質調整防衛叫聲。當潛在的盟友——可能是親屬，或是跟受害者有密切聯繫者——是觀眾時，受害者的叫聲頻率較高。**

但渡鴉還有其他考量。

受害者不僅會針對可能提供協助者調整叫聲，還考慮到觀眾的組成，是否可能幫助攻擊者，反而使自己的處境變得更糟。**當觀眾是由對攻擊者有利的渡鴉組成時，受害者可能顧慮到呼叫會吸引更多觀眾關注自己的不幸困境，而遭受負面影響，因此會減少呼叫的頻率。**

動物行為學家發現，**留意觀眾的組成，只是動物爭奪權力的眾多工具之一**。我們會發現，蒐集所有形式的情報，肯定有利於自然選擇。

被觀看是一回事，像我們在第一章中討論的劍尾魚一樣；而在追求權力的過程中窺探同類，又是另一回事。

誇大慘叫，是為了讓高位階者出手干預

接下來要談的動物，其權力也與觀眾效應（audience effect）有關，這次的主角是黑猩猩。

生物學家克勞斯・楚貝比勒（Klaus Zuberbühler）從碩士時期起，就開始研究象牙海岸（Ivory Coast，西非國家）森林中，黛安娜長尾猴（*Cercopithecus diana*）的警戒聲，那時他就對靈長類動物的權力爭奪和叫聲深深著迷。

二〇〇一年，當楚貝比勒獲聘於蘇格蘭聖安德魯斯大學（University of St. Andrews）時，一心認為自己會繼續這項研究，但象牙海岸的一場政變，導致他和學生被迫搭機撤退到安全的地方，計畫突然中止。

幸運的是，他跟愛丁堡動物園員工有合作關係，他們幫他跟靈長類動物學家弗農・雷諾茲（Vernon Reynolds）搭上線，後者在烏干達布東戈森林（Budongo Forest）進行黑猩猩的長期研究。由於雷諾茲即將退休，於是他將整套研究移交給楚貝比勒。

楚貝比勒和他的團隊長期研究布東戈森林的兩群黑猩猩。每天上午七點至下午五點，他們都會跟蹤這兩群黑猩猩，由三至四名烏干達野外助手陪同，助手會用手持電腦記錄行為數據。

當楚貝比勒和團隊在做實驗時，這些敏捷、聰明的生物，會做牠們想做的事，而不是你希望牠們做的事，而這會讓後勤工作陷於枯燥、漫長的等待。「有時候，跟蹤焦點動物一週，可能只完成一項試驗，」楚貝比勒笑著說：「但收穫是很可觀的。如果野外的實驗數據出現某個模式，在科學上往往會有很大的影響力。」

有個特色很快就脫穎而出，那就是黑猩猩的權力鬥爭很吵鬧。攻擊者和受害者雙方都會尖叫，而讓楚貝比勒驚訝的是：「雖然牠們會參考聽眾的組成決定怎麼呼叫，但牠們通常都會誇大攻擊的性質。」他認為，觀眾的組成是這些叫聲變化的關鍵。

「如果你正遭受攻擊，通常擺脫困境的唯一方法，是讓其他同類加入，這可能會扭轉局勢。如果受害者尖叫是要尋求幫助，那麼誰在附近就是重點。如果在附近的是α雄性（按：位階最高的雄性），根本不會容忍其他黑猩猩暴力相向。」

楚貝比勒和同事凱特．斯洛康貝（Kate Slocombe），分析八十四次黑猩猩的權力鬥爭後，他們發現：當打鬥只涉及輕微的攻擊性互動時，這些動物完全不在乎是否有觀眾在場。

然而，**當競賽涉及較高程度的嚴重攻擊時，附近有觀眾的話——至少有一位觀眾的位階等於或高於攻擊者，受害者的尖叫聲就會持續更久、更激烈。**

這種策略似乎奏效：**發出更久、更激烈尖叫聲的受害者，通常會得到高位階旁觀者的支持，讓牠們出手干預、打斷戰鬥。**

談到權力運作中，觀眾所扮演的角色時，黑猩猩和渡鴉並非特例。在日本鵪鶉（*Coturnix japonica*）、海棲招潮蟹（*Uca maracoani*）、斑馬魚（*Danio rerio*）和泰國鬥魚（*Betta splendens*）身上，也都能發現觀眾效應。

特別是泰國鬥魚。當公魚被觀看時，體內睪固酮濃度會發生變化。研究發現，公魚打架時，如果有母魚在一旁觀看，公魚就會改變牠們的行為模式；但如果觀眾是公魚，則不造成任何影響。此外，公鬥魚還會根據是否認識觀眾，當作調整自身行為的基準。

只要輸掉一次，影響就會持續存在

觀眾效應只是權力相關現象的一個分類，被稱為外在影響（extrinsic effect）。與體型大小和重量等內在影響（intrinsic effect）相比，外在影響包含追求權力者的經驗和社會環境的各個面向。

除了觀眾和旁觀者效應，外在影響的另外兩個類型是勝者效應（winner effect）和敗者效應（loser effect）。

勝者效應是指動物因之前獲得勝利，而增加贏得權力競賽的機會。因為過去競爭失利的經驗，導致未來失敗機率上升，就是敗者效應。兩者之間，敗者效應似乎更常見。關於這點，動物行為學家高登．舒特（Gordon Schuet）針對銅頭蝮的研究，能幫助我們更了解其中原因。

多數青少年應該都想把自家地下室變成電玩室，而不是放著幾十條毒蛇的實驗室。但他們並不像年輕時的舒特，是個正嶄露頭角的爬蟲學家。

「我小時候就對毒蛇非常著迷，」舒特說：「我從十五歲開始蒐集響尾蛇。」很快的，他就學會從響尾蛇的尖牙中擠出毒液。而且，身為高中生就能閱讀所有跟毒蛇相關的重要科學文獻。這間位於地下室的迷你實驗室能運作，得歸功他有一個雖然忙碌，卻心胸開闊的媽媽。

十六歲時，舒特開始沉迷於銅頭蝮的權力競賽。

「我完全陷入公蛇對上公蛇的戰鬥之中，決定要在我的地下室試試看。你瞧，我真的讓牠們打起來了。」一晃眼四十年過去，如今的他仍然沉迷在毒蛇的權力鬥爭之中。

舒特在就讀托雷多大學（University of Toledo）時，做了一些母銅頭蝮儲精的研究，吸引到吉姆．吉林漢姆（Jim Gillingham）的注意，吉林漢姆是中密西根州立大學（Central Michigan University）研究銅頭蝮行為的頂尖專家之一，那裡距離舒特的家鄉不遠。舒特帶吉林漢姆參觀他位於地下的實驗室，不久之後，就展開了一個碩士研究計畫，將他熱愛的銅頭蝮權力競賽予以量化。

為了抓到研究目標，夏日傍晚的暴雨過後，舒特會認真的在馬路上搜索。「只要有蛇鉤或蛇鉗，就能把蛇抓進桶子裡。」接著他補充說（完全是爬蟲學家才會說的話）：「銅頭蝮相對來說是無害的，而且牠們大約只有一公尺長。」

銅頭蝮是獨居動物，只有夏末和隔年春天除外，此時牠們會聚集在大型的交配群聚場合。那個時候打架很常見，舒特抓緊時機，因為他從野外抓來的銅頭蝮，已經適應了中密西根州立大學的實驗室，讓他剛好可以從夏末開始，觀察公蛇之間的競賽。

銅頭蝮戰鬥時，完全不負牠們的物種名稱，拉丁語的意思大致可譯為「扭曲的魚鉤」。在比賽期間，公蛇會以各種方式扭曲身體，以尋求對自己有利的戰鬥條件。

權力競賽通常以提出挑戰開始，包括「上升」（蛇的上半身會從地面升起）和「搖擺」（蛇的身體會前後起伏）。這些動作有時會讓蛇在認輸、撤退前，快速隱藏自己的頭部，而獲勝者會在後面緊追不捨。

如果挑戰的環節沒有分出勝負，公蛇有時會將自己繞到對手上方和周圍，試圖讓對手「上鉤」。如果牠成功了，對手就被迫倒地。若兩條蛇同時鉤住彼此，身體交纏後會變得僵硬，最終彼此分開，一方成為勝利者，另一方則表現出認輸的行為並撤退。

一開始，舒特會在實驗室布幕後觀察這些權力鬥爭，但他很快意識到這完全沒有必要。「牠們根本不在乎我是否在場。」他笑著說：「牠們想打就打、想求偶就求偶。」

舒特在觀察過程中驚訝的發現，**輸家不僅會撤退，還會進入他所謂的不反應期（refractory period），避免跟其他蛇有任何激烈的互動**。他在一九八〇年代初期進行研究時，曾在其他物種（主要是魚）身上看過類似現象，在那些研究中，這個現象通常會持續好幾個小時。但是，蛇的不反應期似乎持續了一週，甚至更長的時間。

掌握銅頭蝮攻擊行為詳細紀錄的舒特，在動物學家大衛．杜華（David Duvall）的指導下，繼續在懷俄明大學（University of Wyoming）攻讀博士學位。他想要做更進一步的研究，並衡量敗者效應對繁殖成功的影響，因此進行了一連串的實驗，在夏末的交配季節，讓兩條公銅頭蝮在母蛇附近廝殺。

在第一個實驗中，公蛇最近都沒有失敗的經歷，但是其中一方的體型比另一方大了約一〇％。在三十二次試驗中，體型較大的公蛇贏得每次對戰，隨後便對母蛇展開追求和保護。

在最初的戰鬥結束之後二十四小時，舒特分別讓十名贏家和十名輸家，跟體型相似、沒有戰鬥經驗的公蛇對戰。他發現銅頭蝮不會連勝，第一輪贏家獲勝的可能性，並不比對手高。

但對輸家來說可不是這麼一回事。首輪失利的公蛇，永遠不會率先挑戰下一個對手，在每場戰鬥中，牠們都是撤退的一方，而贏家隨後便會追求並保護母蛇。

舒特在輸家輸掉比賽後七天，又做了相同的實驗，結果非常類似。**一次戰鬥失利導致更多的失敗**。

舒特心想，如果將最近輸掉比賽的蛇，跟體型比牠小一〇％的對手配對，結果會如何？體型的優勢雖然不是決定性因素，但顯然會造成部分影響，是否能彌補之前的失敗經驗？實驗結果是否定的：輸家還是輸了。**在銅頭蝮權力的戰鬥中，只要輸掉一次，影響便會持續存在**。

但是，當整個交配季節只有一個月時，為何銅頭蝮會直接斷絕對權力的追求，時間甚至長達一週呢？推測原因，可能是銅頭蝮的壽命夠長，事情也許會在未來的某個時間點好轉，因此暫時斷絕是值得的。

舒特說：「如果你參與戰鬥並成為輸家，理論上就已經失去了四分之一的交配季節。如果再輸一次，你可能永遠不想參與那個季節的求偶過程。我認為，牠們能應付那種程度的心理負擔，因為這些動物最長可活二十五或三十年。」

舒特仍在為博士學位而努力，當他針對銅頭蝮敗者效應所發表的演講，被刊登在《紐約時報》（*New York Times*）上時，他既興奮又驚訝。彷彿這還不夠似的，「兩週後，卡爾．薩根（Carl Sagan，美國科普作家）寫了封信給我，」他陷入回憶之中：「那封信現在還在我的桌上，我很開心他把我的研究，收錄在他的書《被遺忘祖先的陰影》（*Shadows of Forgotten Ancestors*）中。」

銅頭蝮教了他關於權力的一切，讓他興奮不已，舒特接下來想探討是什麼導致即時的敗者效應——也就是說，在生理層面上，是什麼原因導致輸家更有可能再次失敗？

為了找出答案，他和同事再次把兩條公銅頭蝮放在母蛇附近配對，並等待其中一方成為明顯的贏家。接著他們分別從兩條公蛇身上取出血液樣本。

此外，他們還安排兩個對照組：第一組，他們從單獨的公蛇身上取得血液樣本；第二組，他們把一條公蛇和一條母蛇放在一起，並取得公蛇的血液樣本。

樣本分析顯示，血漿中一種關鍵的壓力荷爾蒙——皮質固酮（corticosterone），在輸家身上明顯高於贏家或對照組的公蛇，顯示**壓力荷爾蒙的增加會向失敗公蛇發出信號，暗示牠們應該停止追求權力，等待更好的時機。**

連贏三場的魔法，讓勝者更強大

生物學家凱西．馬勒（Cathy Marler）曾聽過關於銅頭蝮敗者效應的研究。事實上，她在動物行為文獻中，找到許多敗者效應的例子。但是勝者效應呢？她偶爾會在某項研究中發現勝者效應，但獲勝帶來的正面影響似乎總是曇花一現。有些數學模型確實顯示，敗者效應比勝者效應更容易形成，但馬勒總覺得少了點什麼。

勝者效應有助於動物衡量社會環境，和決定何時該增加攻擊性，但效果卻如此短暫，她實在不明白為什麼。

馬勒熟讀關於勝者效應和敗者效應的文獻，針對蜥蜴和青蛙的攻擊性做了廣泛的田野調查，並對隱藏在權力之下的荷爾蒙和神經生物學基礎產生濃厚興趣。

一九九〇年代晚期，馬勒在威斯康辛大學心理學系獲得第一個終身職時，正在尋找能在實驗室中研究的物種。就這一點而言，她堪稱幸運。她一抵達威斯康辛大學，正好有位教職員準備離開，他的研究對象是五種老鼠，如果沒有人接管這群囓齒動物，牠們就會淪落為孤兒。

馬勒抓住了這個機會。她原本打算研究這五種老鼠，但是經費不足。於是，她決定把重點放在其中兩種之上：加州白足鼠（*Peromyscus californicus*）和白足鼠（*Peromyscus leucopus*）。

選擇加州白足鼠和白足鼠並非隨機決定，馬勒解釋：「我希望能研究行為的多樣性。」對她而言，很難想像這兩個物種的關係如此密切，卻有著截然不同的社會制度。

這兩者外觀看起來都像田鼠，但加州白足鼠是一夫一妻制，而白足鼠是一夫多妻制；而且，比起白足鼠同類，雄性和雌性加州白足鼠當父母後，會提供幼鼠更多照顧。

雄性加州白足鼠對入侵者也更具攻擊性，部分原因可能是牠們的大腦擁有更多荷爾蒙的受體位點，這種荷爾蒙名為精胺酸血管加壓素（arginine vasopressin，簡稱AVP），會提高雄性的攻擊性，但在雌性哺乳動物身上則沒有發現這種荷爾蒙。

為了深入探討這兩個物種中，AVP在塑造攻擊性和追求權力時所扮演的角色，馬勒的第一個實驗是交叉扶養（cross-fostering）研究。兩個物種的交叉扶養實驗，就是在物種二的巢穴中撫養物種一的後代，反之亦然。如果後代長大後，行為偏向養父母，就能證明生長環境對行為有重大影響。

馬勒與同事珍妮．貝斯特—梅莉狄斯（Janet Bester-Meredith）一起做研究，讓加州白足鼠養父母養育二十四隻白足鼠幼鼠，另一組則是白足鼠養父母養育十四隻加州白足鼠幼鼠。

寄養後代長到大約七個月大時，她們進行了專為囓齒動物開發的標準攻擊性測試。結果顯示，牠們的行為通常更像養父母，而不是親生父母。尤其在雄性加州白足鼠身上，有更深遠的影響：在白足鼠養父母巢穴中長大的雄性加州白足鼠，表現出的攻擊性會低很多。

這種攻擊性的變化，是由於交叉扶養對AVP大腦受體所產生的影響，因為寄養的雄性加州白足鼠，在AVP受體上的細胞更少也更小。實驗結果證明，一旦正常的發展模式發生改變時，通向權力的道路也會因此轉向。

二〇〇〇年代初期，在掌握了這兩種老鼠的權力基礎後，馬勒與一組學生將目光投向勝者效應。實驗中，雄性和雌性各一隻，被關在籠子裡，雄性有零次、一次、兩次或三次不等的獲勝經驗。這些獲勝經歷，是讓受測雄性與籠子裡體型更小、服用過鎮靜藥物的雄性互動得來。

接下來，將與受測雄性體型差不多的健康入侵者，放入籠子裡。馬勒和團隊會觀察牠們打架的過程，並在比賽結束後，取得老鼠的血液樣本。

在白足鼠的實驗中，雖然贏家的壓力荷爾蒙低於輸家，但並未發現勝者效應；即使一隻雄性剛剛取得三連勝，也不會影響牠戰勝健康入侵者的機率，獲勝對睪固酮濃度也沒有明顯的影響。

而**加州白足鼠追求權力的過程，比白足鼠更加依賴攻擊性，贏不贏很重要——但是，只有大規模獲勝才有幫助。**與沒有獲勝經驗的雄性相比，贏過一、兩次的雄性擊敗入侵者的機率並沒有比較高。但是，**如果有一隻加州白足鼠真的連贏三場，牠就很有可能擊敗任何闖入其領域的入侵者。**

這種「三次魔法」（third time's the charm）效應，來自於一連串的勝利導致雄性睪固酮濃度增加。當時，馬勒和她的兩個學生，麥特·傅思傑格（Mat Fuxjager）和伊莉莎白·貝克（Elizabeth Becker），甚至能精準找出大腦迴路與睪固酮變化，和獲勝之間的關聯。

然而，勝者效應和睪固酮濃度上升，就像許多與權力相關的因素一樣，會取決於地點和所有權。傅思傑格和馬勒後來進行了一項類似的實驗，不同之處在於雄性必須在牠的領域之外戰鬥。結果，勝者效應和睪固酮濃度的上升都不明顯。

傅思傑格和馬勒深入思考加州白足鼠和白足鼠之間，勝者效應的差異，以及睪固酮在這些效應中扮演的角色。沒有表現出勝者效應的白足鼠，是否缺乏產生勝者效應的生理機制，或是牠們有這種機制，只是沒有產生足以啟動這項機制的睪固酮？

他們想知道，如果透過實驗，增加白足鼠體內的睪固酮水平，使其達到加州白足鼠表現出勝者效應的濃度時，又會如何？牠們也能表現出在加州白足鼠身上發現的勝者效應嗎？

傅思傑格和馬勒測試了三十七隻白足鼠，把牠們分為三組。其中一組雄性經歷三場勝利（與體型較小的對手配對），每場勝利後牠們都被注射睪固酮。同時，進行兩個對照組測試：對照組之一，連贏三場的雄性被注射生理食鹽水，以確保是睪固酮注射導致了勝者效應；對照組之二，雄性經歷三場勝利，但不給予注射。

結果顯示，睪固酮注射似乎是權力的萬靈丹，因為贏了三次的白足鼠每次接受睪固酮注射後，都會表現出加州白足鼠特有的勝者效應。

隱含權力的贏家吶喊

舒特和馬勒的研究，為敗者效應和勝者效應提供了全新視野。但我們先前在關於劍尾魚窺探行為的討論中，曾提到另一個外在影響。

這讓我們必須先談談動物行為學家約瑟夫・華斯（Joseph Waas）的研究，夜復一夜，他都得躺在紐西蘭一個洞穴的企鵝糞便裡觀察。

一九八三年，徹頭徹尾的愛鳥人士華斯，在家鄉加拿大的特倫特大學（Trent University）完成了大學研究，並在思考下一步該做什麼。

「當時在紐西蘭，」華斯說：「你隨便挑選一種鳥類，幾乎就能成為第一個研究這種鳥類行為的人。」

企鵝生物學研究的先驅約翰・沃勒姆（John Warham），建議他去看看班克斯半島（Banks Peninsula，位於紐西蘭南島東海岸）東側的一群小藍企鵝（*Eudyptula minor*）。

「於是我就去了……結果我深深著迷。」華斯回憶：「這些企鵝成群生活在洞穴中，晚上才開始活動。我覺得很酷，於是我開始研究牠們的叫聲。」

最小的小藍企鵝，站立時只有三十公分高，簡直可愛到不行。但牠們很吵，真的很吵。華斯形容：「有時候，原本叫聲已經停了，突然有一或兩隻企鵝開始叫，叫聲就會蔓延開來，結果整群企鵝都叫個不停。」

他早期研究洞穴的小藍企鵝群，牠們築巢時彼此會隔開二至三公尺，巢緊貼在洞穴的牆壁上。因為牠們通常在夜間活動，華斯必須在黃昏時分抵達，才能及時看到企鵝從大海游回岸上，搖搖擺擺的回到洞穴。

華斯會緊隨在後，手上拿著連接錄音機和錄影機的夜視鏡，和企鵝一起待在洞穴裡，直到凌晨四點，回到基督城（Christchurch，紐西蘭南島第一大城，鄰接班克斯半島）住處睡一會兒後，第二天再展開同樣的流程。

研究過程非常辛苦。華斯指出：「研究地點是位於歐塔涅里托灣（Ōtanerito Bay）的洞穴，裡面分為兩個區域，洞穴較高處大約有一百隻企鵝……而洞穴較低處，你必須趴下、爬行。這不是很愉快的經驗，因為洞穴底部都是乾掉的企鵝糞便和羽毛這些亂七八糟的東西。氣味很可怕，讓人幾乎無法呼吸。」他戴的口罩難以發揮作用，只勉強擋住一點點難聞的氣味。

除了叫聲之外，華斯也對小藍企鵝的權力運作深感興趣。

當他趴在洞穴低處時，一切的所見所聞讓他感到著迷，卻又沮喪不已：企鵝打架、鳥嘴互鎖、互相翻轉。正如華斯所說：「幾乎就像各種柔道摔技。」

他的腦袋中萌生許多想法，但要如何設計實驗？「我又沒辦法安排企鵝打架，所以我就先不想這件事了。」

在無數個泡在糞便中的夜晚，華斯一遍又一遍聽到公小藍企鵝發出「勝利的吶喊」——諾貝爾生理醫學獎得主康拉德．洛倫茲（Konrad Lorenz），在灰雁（*Anser anser*）研究中首次提到這個概念。小藍企鵝的勝利叫聲尖銳刺耳，在吸氣和吐氣間一遍又一遍重複。

但這只是叫聲本身，而不是融合聽覺的整體狀況，真正讓華斯震驚的是在攻擊行動結束時，贏家通常會站直身體，伸出腳蹼並「大聲發出慶祝勝利的聲音」，而「輸家會弓著身子走開或跑開……直接遠離贏家」。

有時，聲音會加倍驚人：當公企鵝發出勝利叫聲時，若巢穴中有母企鵝在場，牠也會加入發聲的行列。

華斯知道他不是唯一一個對勝利叫聲印象深刻的生物——其他企鵝，包括剛剛輸掉比賽的那位，顯然都在關注這些隱含權力的叫聲。儘管他並不知道這些企鵝竊聽的原因，以及牠們會如何處理叫聲所傳達的訊息。

華斯仍無法——即使他能，他也不會這樣做——安排小藍企鵝打架，但他開始思考也許可以利用回放實驗，他可以控制播放內容，研究權力和可能的竊聽效應。

但是，他研究的洞穴實在太亂了，無法掌控讓哪隻企鵝聽到什麼內容；於是，他轉向洞穴附近的另一個棲息地，那裡有企鵝住在整齊的人工洞穴裡。

這個洞穴棲息地位於一個農場中間，農場主人是華斯的兩位朋友弗朗西斯和夏琳．賀伯思（Francis and Shireen Helps）。

「他們不是一般的農民，」華斯解釋：「他們努力維護農場生態，以保護動物的棲息地。」

而在動物行為學家眼中，最重要的是：「他們標記了所有企鵝，因此，我們可以得知許多企鵝的年齡和性別。而且，他們還挖了人工洞穴……這些企鵝很喜歡。」

這些人造洞穴的大小完全相同——面積是三百乘以三百五十公釐、高度兩百公釐。突然之間，洞穴的混亂不再是問題。原本，想要在野外洞穴，進行任何關於權力結構和竊聽者的回放實驗，都是不可能的；但這裡有做了標記的企鵝群，企鵝住在各自的洞穴中──完美的設置讓華斯能進行實驗。

他在洞穴中放置一些喇叭，並控制讓哪隻企鵝聽到什麼內容。這個實驗，華斯與懷卡托大學（University of Waikato）的獸醫研究生索爾維格．穆特德（Solveig Mouterde）共同合作完成。

華斯在論文中，將農場主人賀伯思列為合著者──不僅是因為他們保護動物的遠見，還有他們的各種協助，包括讓穆特德在研究期間能住在農場裡。

該論文詳細記載了實驗過程。他們研究了獨自在人造洞穴中孵蛋的二十七隻公企鵝和十六隻母企鵝（小藍企鵝無論公母都會孵蛋），而牠們的另一半則在海裡覓食。他們悄悄拿走企鵝蛋，放入孵化器中，並在巢穴中放上人造蛋代替。人造蛋上有感測器，能記錄企鵝的脈搏，進而得知企鵝的心率。

接下來，他們讓企鵝聽到五公尺外的喇叭，播放打鬥的聲響，緊接著是贏家的勝利叫聲，或是輸家的叫聲，並把麥克風放在那天晚上研究目標的巢穴附近，記錄企鵝發出的聲音。

跟一般的基準值相比，**當公企鵝聽到贏家的勝利叫聲時，牠們的心率每秒多跳**

了三十下，但聽到輸家的叫聲時，則沒有明顯變化。

當掌握權力者在附近時，這些竊聽者顯然很緊張。而牠們的表現也是如此：比起贏家的叫聲，**當公企鵝聽到輸家的聲音時，更常以聲音回應**，畢竟對方可能是一個較弱的潛在對手。

另一方面，**母企鵝無論聽到贏家或輸家的叫聲，心率都會增加，但並不會發聲回應**，表示牠們通常對戰鬥感到不安，不想蹚這個渾水。

竊聽和觀眾效應告訴我們，與同類互動的經驗，在追求權力過程中相當關鍵（勝者和敗者效應影響則沒那麼大），但這些影響，總是將對方視為權力道路上的阻礙。

不過，在爭權的過程中，**動物有時會形成同盟和聯盟的關係，這時，牠們就得以完全不同的角度看待同類。**

第五章

關於結盟與搞破壞

若無收買強大盟友，暴君如何安然治家？

——英國劇作家威廉．莎士比亞（William Shakespeare），《亨利六世：第三部》（*Henry VI: Part 3, 3.3.69-70*）

通往權力的道路可能崎嶇不平，且充滿危險。身邊如果有盟友總是大有幫助，建立聯盟並善加利用，能更快達到目的。不過，**要招募盟友並非易事，必須具備社交智商（social intelligence）領域相關技能。**

當倫理學家談到社交智商時，通常指的是在充滿複雜社交的社會中，找到方向的能力。這個社會中有其他社交關係複雜的人，他們跟你一樣，都在想辦法讓自己適應環境變化。

有些人認為，這種能力跟一般智商不同，一般智商只需解決各種生存問題，包括如何尋找食物、建造避難所、逃離掠食者等。

在靈長類動物身上，已經有許多關於社交智商的研究，雖然具體細節因物種而異，然而靈長類動物不僅腦容量較大、能區分親屬與非親屬，也善於利用過去互動預測未來結果，並以此調整自身行為。關於同類手中擁有的權力、同類如何運用權力，以及個體應優先與提供最大利益的夥伴互動等，牠們都掌握充分的訊息，並知道該如何運用。

重點是，當演化生物學家霍勒坎普瀏覽這些說明，思考鬣狗是否表現出相同的特徵時（正如我們所知，鬣狗生存的社會環境相當複雜），她每個項目都想打勾。鬣狗運用社交智商的方式之一，便是與其他鬣狗結盟，以獲取和維持權力。

霍勒坎普還是研究生時，曾讀過一本關於聯盟的專書，她回想起這件事時，突然意識到：「原來我們一直在鬣狗身上，看到這一點。」在她看來，結盟的目的是為了鞏固現狀，而有些鬣狗**「總是不斷在想辦法討好高位階個體，因此形成了許多聯盟」**。

霍勒坎普和團隊決定更深入探討鬣狗聯盟的權力運作。

根據他們在Fisi 基地營的研究發現，在觀察到近一萬兩千次鬣狗攻擊互動中，約有一四％會產生跟第三方對抗的聯盟關係。當某個個體參與攻擊性互動時，牠的聯盟夥伴通常會加入，並提供幫助。

最常見的聯盟是兩隻成年雌鬣狗聯手。但是，牠們的目標為何？鬣狗參與聯盟能得到什麼好處？霍勒坎普首先想到的是，聯盟成員或許能有更多取得食物的管道，但這點並沒有證據證明。結果她發現，聯盟中雌性的攻擊行為，大多針對優勢位階中比牠們低的個體，正如她最初所推測：牠們是在鞏固現狀。

也就是說，聯盟很偶爾才會造成革命性的改變。鬣狗的權力結構相當穩定，位階通常由母傳女，代代相傳。然而，有時權力結構的某些部分會被顛覆，而個體會出乎意料的往上爬，這點讓霍勒坎普感到十分驚訝。革命性的改變，通常與新加入聯盟的雌性有關，牠們會發動攻擊，並擊敗在上位者。

成為聯盟成員的另一個好處是，其他成員往往是遺傳親屬，因此聯盟成員正在增加動物行為學家所謂的整體適存度（inclusive fitness）。傳統的適存度，是以產下的後代數量來衡量。但是根據定義，遺傳親屬可能攜帶相同的基因變異，整體適存度不僅將個體產下的後代數量計算在內，也將其他遺傳親屬產下的後代數量，歸功於個體的協助，包括作為聯盟夥伴所盡的一份力。

當然，實際情況要更複雜一些，但重點在於跟遺傳親屬結成聯盟的鬣狗，這樣做能保障擁有相同基因的後代生存下去，獲得間接的遺傳回報。

第三者的故意破壞

鬣狗絕對不是唯一會結盟的動物。

渡鴉是精通社交智商的典型代表，牠們就跟鬣狗一樣，擅長發揮才能，形成聯盟，而且實際狀況更複雜且有趣。

動物行為學家邦亞注意到：「當兩隻鳥互相理羽或玩耍時，有時會有第三者突然闖入，制止這樣的行為。」

在他和同事從康拉德．洛倫茲野外站蒐集的數據中，他們觀察到五百六十四對以親近方式互動的渡鴉，約有一八％會受到外界的干擾。

大多數有第三方亂入的狀況，互動都很激烈；但大約有四分之一的機率，第三者就只是站在雙方之間。儘管這並非完全沒有風險——有時闖入者會遭到反擊——

這種干預仍有約一半的機率會發揮作用，破壞雙方的友善互動。

邦亞知道渡鴉會留意群體中，其他同類的主導地位。他跟團隊討論這些觀察，「我們猜想大概是這樣：**當你的朋友正跟其他人熱烈互動，但你並不樂見這種情況發生，於是，你就會跑去搞破壞。**」

但是，當他們研究數據時，並沒有發現這樣的模式。會跑來干預的鳥，反而總是有權力、高位階的個體。

我們將在下一章更深入探討干預行為，重點在於當其他同類表現出利社會行為（按：prosocial behavior，能增進團體或他人利益的行為）時，高位階鳥類並非總會介入其中。牠們的選擇基準完全跳脫這一點。

「**牠們會忽略那些已經與其他個體密切合作的同類，以及完全沒有跟任何個體結盟的同類，**」邦亞說：「**而是選擇性的針對那些正在跟其他鳥聯合的同類。**」

優勢渡鴉似乎會將新的聯盟，視為對自身權力的威脅——而且這樣的擔心其來有自，因為一旦個體組成聯盟，每隻鳥在權力結構中的位階都會提升。

我們在這麼多的物種、這麼多的地方，都看到聯盟在動物的權力結構中所扮演的角色。土地、海洋和空中都有聯盟，在澳洲的海灣、剛果民主共和國的森林、法國的草原、坦尚尼亞的森林、荷蘭的動物園，聯盟關係也都隨處可見。

研究人員正試圖了解動物的聯盟形成方式和原因，以及聯盟如何創造和改變權力結構，利用觀察、實驗研究，以及一些數學理論來提供指引。此外，他們提出各種問題，包括親屬關係和互惠的重要性，以及為何某些物種是雌性在結盟，而某些物種則是雄性形成聯盟等。

公海豚組聯盟，包圍母海豚二十天

動物行為學家理查・康納（Richard Connor）不經意發現，如果將體型因素列入考量，那麼海豚的腦容量大小僅次於人類大腦。

「所以，牠們會利用那些大腦袋做什麼？」這個問題成了康納一直想解開的謎底，而稍後他會告訴你答案。

「我想要找到一個能真正觀察野生海豚的地方，」他說：「看看那裡到底發生了什麼事。」

結果，機會自己找上門。一九七〇年代晚期至一九八〇年代初期，康納還在加州大學聖塔克魯茲分校（University of California, Santa Cruz）就讀時，某天城市規畫師伊莉莎白・高文（Elizabeth Gawain）來到動物學系，利用彩色幻燈片介紹她最近前往澳洲鯊魚灣（按：Shark Bay，位於澳洲西部，一九九一年被評選為世界遺產）的一次旅行。

高文興高采烈的談論在海裡悠游的美麗印太瓶鼻海豚（*Tursiops aduncus*），正等著有人來進行研究。而康納曾從他系上同學瑞秋・斯莫克（Rachel Smolker）那裡，聽說過一些關於海豚的事。

康納回憶，他是那天聽眾中為數不多的大學生之一。

「研究生不可能放棄他們的研究計畫，就這樣跑去澳洲，只為了研究海豚。」但他非常樂意放棄一切去進行海豚的研究，帶著興奮大學生常常會有的期望：「我以為就像珍・古德（Jane Goodall）在岡貝（Gombe，位於西非國家奈及利亞東北部的城市）做的研究一樣，近距離觀看動物的社會互動。」

一九八二年，康納畢業時，賣掉了他的錢幣收藏，並帶著從探險者俱樂部（按：Explorers Club，為一國際跨學科專業協會，一九〇四年成立於紐約，旨在促進科學探索和實地研究）獲得的一筆小額贈款，和斯莫克一起去了鯊魚灣。鯊魚灣靠近猴子米亞（按：Monkey Mia，位在鯊魚灣地區內，以能近距離靠近海豚聞名），在遙遠的澳洲西海岸，位於伯斯（Perth，西澳洲首府）東北方約八百五十公里處。

他們沒有船。事實上，康納笑著說：「我們什麼都沒有。」儘管如此，在第一次飛往鯊魚灣的過程中，他們還是想辦法借了一艘小船。

那次，他們發現了數百隻印太瓶鼻海豚，這讓他們高興得不得了。康納回憶：「海豚完全不在乎有人在旁邊，我們的感想是：『哇！』」

這個驚嘆引領康納進入密西根大學的博士課程，他接受動物學家理查．亞歷山大（Richard Alexander）和靈長類動物學家理查．蘭漢姆（Richard Wrangham）的指導，而斯莫克也有志一同。他們投入了由社會生物學創新領域的創始人所主導，關於行為和演化先驅思想的研究。

有好幾年時間，康納和斯莫克會輪流待在鯊魚灣，但兩人一起待在鯊魚灣的情況更多。他們在猴子米亞露營地搭起帳篷。起初，從露營地到紅崖灣（Red Cliff Bay）或他們要下船的其他地點，是沒有道路可通的，後來終於鋪設了一條瀝青道路，讓情況稍微有所改善。而他們與海豚共度的時光，則取決於那一天的海是否波濤洶湧。

鯊魚灣面積廣大（一百四十五公里乘以八十公里），除了海豚之外，還擁有蛇、烏龜、鯊魚、儒艮（按：草食性海生哺乳類動物，也有稱其為海牛、海豬）等豐富生態。海灣的平均深度九公尺，但康納和斯莫克觀察海豚的地方，深度約是十六公尺，水深對海豚而言算淺，對他們來說則是方便觀察，這是其他地方很難提供的優勢。

一開始，他們搭乘的是斯莫克用國家地理學會（National Geographic Society）的錢購買的小艇，不久後設備升級，改搭乘一艘長度將近五公尺的船。他們在海灣中的航行，通常與皮隆半島（Peron Peninsula）平行，距離海岸不過數公里遠。

他們總是站在船上，手裡拿著調查表、錄影機和錄音機，俯視右舷或左舷，蒐集數百隻海豚的行為數據。後來，斯莫克轉去進行其他研究，而康納在工具箱增加了水下傳聲器、GPS繪圖，以及最近添購的無人機等設備。

隨著時間累積，他們逐漸能夠分辨出海豚的性別，這並不容易。幸運的是，當斯莫克搭三．六公尺長的小艇出海時，她發現鯊魚灣的海豚會游在船旁邊。康納說：「海豚甚至會直接露出生殖器給她看。」

在海上待了數百個小時後，康納和斯莫克開始建立海豚圖片目錄，他們不僅能分辨海豚的性別，還能根據鰭片和身體上的疤痕形狀（通常是被鯊魚咬傷），辨認出每隻海豚。海豚的檔案照片，直到今日仍持續增加，他們已經蒐集了超過一千隻海豚，康納和同事仍然不停蒐集數據。

鯊魚灣的海豚大多能活到四十多歲，因此有些海豚打從研究開始之際，就一直在這裡生活著。

早期，康納不斷蒐集跟海豚有關的一切：攻擊性和權力、交配行為、同步的群體運動、水上叫聲和撫摸（海豚碰觸彼此鰭片的親近行為）等。不過，他還是不知道自己的論文會關注哪些問題。他只知道自己對這個系統很著迷，而且，這是個研究動物權力等社會行為的潛在寶庫，似乎能讓所有人都為之瘋狂。

時間來到一九八六年，此時康納對鯊魚灣的許多海豚已經瞭若指掌，他注意到性成熟的雄性之間，似乎正在形成聯盟，以尋求和雌性交配的機會。

「一九八七年，我的指導教授之一理查．蘭漢姆來到這裡，所見所聞令他感到震驚，」康納說：「我還記得他在船上，看到三隻海豚一組，總共有三組……他問：『真的嗎？一個地區出現三個聯盟？』我說：『是的。』」

在觀察海豚的過程中，康納越來越著迷於鯊魚灣的海豚如何透過結盟，邁向權力之路。在他、斯莫克和同事安德魯．理查斯（Andrew Richards）追蹤的三百隻海豚族群中，他慢慢蒐集了二十隻性成熟雄性之間結盟的詳細資料，經由密西根大學的演化和人類行為小組（Evolution and Human Behavior Group）發表研究成果，並刊登在《美國國家科學院院刊》（*Proceedings of the National Academy of Sciences*）上。

他們的論文中，描述了**公海豚組成的聯盟，通常兩隻一組，有時三隻一組，會追逐並包圍一隻母海豚**。當聯盟中的公海豚在追逐母海豚時，無論是海中游泳或是空中跳躍，牠們的動作都是同步進行。牠們會突然衝向母海豚，有時猛烈撞擊，咬牠、用尾巴打牠，過程中經常發出「砰」的聲響。接著，這些公海豚會緊跟在母海豚後方或兩旁，長達二十天。

被包圍的母海豚有時會試圖從聯盟中逃脫，但成功率很低（僅約二五％），因為聯盟成員並不是漫無章法的追逐母海豚，而是合力以兩邊包夾的方式，盡量減少母海豚的逃生路徑。

從小建立社交連結，才容易活到長大

母海豚被公海豚包圍所付出的代價（如果有的話）並不清楚，雖然康納與他的研究團隊觀察到，有性接受能力（未懷孕或剛懷孕）的母海豚周遭出現公海豚時，似乎會改變牠們使用空間的模式。

交配機會是聯盟中雄性獲得權力的回報。雖然不可能從船上看到海豚交配，但康納和團隊確實觀察到聯盟成員會騎在母海豚身上，其中又以有性接受能力的母海豚最為常見。

公海豚聯盟會保護被牠們包圍的母海豚，幫忙趕走不速之客，包括落單的雄性和其他聯盟的雄性，有時甚至還能包圍一隻跟其他聯盟游在一起的母海豚。

康納蒐集了五十八個包圍事件的數據，其中涉及九個聯盟，他發現組成聯盟的公海豚，不只會一起包圍母海豚，在生活方面也互有關係，表示聯盟成員之間有著緊密連結。

當康納於一九九〇年在密西根完成博士研究時，海豚計畫的非田野部分移到了麻薩諸塞州的劍橋大學。他的博士論文指導教授蘭漢姆接受哈佛的教職，對於在鯊魚灣見證的聯盟行為仍感到震撼，於是便幫他申請了一筆經費，讓康納能繼續深入研究海豚之間的權力和聯盟。

年復一年，康納和同事不斷回到鯊魚灣，密切關注這些聯盟。現在他們知道鯊魚灣的聯盟成員通常是近親——不過，其他的海豚族群並非如此——而且有些鯊魚灣聯盟，在這二十多年來一直是統一戰線，這在靈長類動物以外前所未聞，甚至在靈長類動物之中也很罕見。

在鯊魚灣，海豚利用結盟獲取權力的方式似乎永無止境。

「所以，我決定畢生致力於研究這些同盟。」康納說道。

另一方面，一項新穎的數學工具證明，海豚以聯盟形式、透過團隊合作追求權力的技巧，在牠們很小的時候就已展開訓練。

大約十五年前，動物行為學家就想探討社會網絡（將社會成員彼此聯繫起來的複雜網絡）如何運作。為了達到這個目的，他們借用了用於構建推特（Twitter）和臉書（Facebook）等平臺的數學和計算技巧，並修改到能用於動物研究之上。

社會網絡分析有許多發現，包括可以找出「關鍵」個體：那些與周圍的同類有著密切聯繫，一旦離開就會破壞整個社會網絡的個體。

此外，社會網絡分析還能測量「特徵向量中心性」（按：eigenvector centrality，測量一個個體在社會網絡中的影響。當與個體連結的其他個體很有影響力時，也會讓該個體變得重要），藉以衡量社會網絡中的個體之間有多少連結，以及連結本身還能延伸出多少連結。

動物的社會網絡可以很簡單，只涉及少數動物，訊息以清晰、直接的路徑在個體之間流動；但也可以很複雜，有許多個體融入多個重疊的網絡，而這些網絡中還包含了子網絡。

不論在簡單或複雜的動物社會網絡中，成員之間的互動，對生存和繁殖都具有重大意義。關於食物、掠食者和交配的訊息，在群體中傳播的速度，便取決於社會網絡結構。

此外，對研究人員而言最重要的是，社會網絡能讓幫助他們更了解動物的權力結構。

鯊魚灣的年幼海豚通常會和母親待在一起，直到牠們在三至四歲時斷奶。在最初的幾年裡，牠們會跟其他年齡相近的海豚來往，並形成連結。

同為鯊魚灣海豚研究團隊成員的瑪格麗特・史坦頓（Margaret Stanton）和珍妮・曼恩（Janet Mann），在研究年輕海豚的社會網絡時，注意到群體中具有特徵向量中心性的特色。她們追蹤了剛出生至十歲的年輕海豚，發現有較高特徵向量中心性（跟其他個體有較高連結）的雄性海豚，較有可能活過第一個十年。

儘管她們的社會網絡分析並不包括聯盟行為（因為雄性海豚要在多年後發展至性成熟，才會加入聯盟），但史坦頓和曼恩認為，**儘早學會建立社會連結，對年輕**

雄性海豚大有幫助，因為牠們在如此複雜的社會環境中成長，隨著時間過去，結盟會更顯重要。

鯊魚灣海豚聯盟的包圍行為，間接證明結盟會讓成員的繁殖成功率更高；而針對緊密關係的社會網絡分析更發現，另一個可能的好處與聯盟掌握權力有關。

然而，正如我們之前討論過的，動物行為主義學家更偏向取得直接證據，證明掌握權力就能獲得可衡量的繁殖成功率。為此，我們轉向野馬專家歌迪亞・費（Claudia Feh）的研究，她的研究對象是生活在法國南部鄉間的卡馬格馬（*Equus caballus*）。

願意承擔高風險，就會有高回報

「有一次我在法國卡馬格（Camargue）地區度假，」歌迪亞說起她在一九六〇年代中期的一次旅行：「我開車亂晃，看到大草原上的馬兒……那是我第一次看到馬在玩耍，當時我心想：『這就是我想住的地方。』」

野馬正是她想研究的目標。一九七一年，歌迪亞在卡馬格地區野外工作站從事鳥類研究，她開心的補充：「當然，我還是到處看馬。」

幾年後，野外站展開了一個關於卡馬格馬（世界上最古老的馬品種之一）的研究計畫，在野外站管理的三百公頃土地上，放養了十四隻馬。歌迪亞以助理的身分加入該研究計畫，同時努力攻讀生物學研究所學位。

這項研究打亂了她的生理時鐘，因為需要四十八小時輪班，記錄跟馬以及環境相關的一切。歌迪亞會在凌晨四點起床，跳上機車，前往卡馬格馬漫步的草原。

大牧場中間有根高壓電線桿，上面貼著「危險」和「保持距離」的警告字眼。但歌迪亞認為，那根柱子是觀察馬兒的最佳地點，因此她不但沒有保持距離，反而還在柱子上方十五公尺處搭建一個非法的平臺。

歌迪亞會坐在平臺上，一隻手拿著雙筒望遠鏡，另一隻手拿著錄音機，先觀察其中一匹馬一個小時，然後是另一匹，以此類推，一次持續三個小時。那時，馬群的數量已經增加到九十四隻。

儘管所有成年的卡馬格馬，都是樸實的灰白色，但歌迪亞說：「如果你每天看，不可能認不出來。」判斷不同個體的依據包括鬃毛、鼻子和其他身體特徵。

該研究的目的不是針對社會行為本身，而是為了更了解馬和環境的相互影響。但歌迪亞對動物行為很感興趣，她發現自己有機會進行深度的行為觀察，並獲得研究所需的一切資訊。

「我花了七年的時間觀察卡馬格馬，」她說，並估計自己花了將近五千個小時做系統性觀察。她開始思考馬兒種種行為所代表的涵義，並沉浸在動物行為學的文獻中。

有件事讓歌迪亞感到驚訝，那就是**公馬之間似乎會形成長久的友誼，而且友誼能得到回報**，儘管她並不確定回報的方式。於是，她開始閱讀更多關於動物結盟的研究。「當時的我還沒有開始研究結盟。」歌迪亞回憶道，但很快她就發現公馬之間存在的友誼，就是牠們合力掌握權力的最佳案例。

經過十多年的觀察（一九七六至一九八七年），歌迪亞深入研究她的數據和筆記，想更了解聯盟是否正在形成，包括誰是成員、聯盟形成的條件、聯盟為成員帶來的好處（如果有的話）等問題。

她發現，公馬的繁殖策略有以下三種：自己保護一群母馬；與另一雄性結盟，共同守衛一群母馬；或是生活在「單身馬群」中，想辦法突破其他公馬的守衛，跟母馬群交配。大多數公馬會想靠自己保護一群雌性，但通常都是以失敗告終，因此牠們不得不轉向剩下兩個繁殖策略，二選一。

歌迪亞把研究重點放在十三匹公馬上，其中三匹守衛著一群雌馬，多年來一直如此。剩下的十匹公馬，趨近於整個馬群優勢位階的下半部，則演變成兩匹馬一組的聯盟。

聯盟成員的年齡大致相同，並且沒有優先與遺傳親屬結盟的趨勢。多年來，經常在同一戰線的夥伴，往往一年四季都在彼此附近，而且經常認真的互相理毛。

在聯盟中，其中一匹公馬會占主導地位，另一匹則為從屬角色。當其他公馬接近一個聯盟，以及牠們所守衛的雌性時，聯盟成員會合力擊退入侵者，或是聯盟中從屬地位的成員站出來與入侵者對峙。如果對方沒有後退，這匹馬的後腿就會向後跳躍，並試圖去咬或踢對方，而占主導地位的成員則會護送母馬離開現場。

聯盟對所有相關成員都有好處。由聯盟成員所守護的雌馬，比起只有一匹馬守護的雌馬，生下的新生兒死亡率較低。

不僅如此，歌迪亞還發現，**聯盟中從屬地位、權力較低的成員，經常必須必須站在第一線抵禦入侵的公馬，因此必須承擔更高的受傷風險**，並可能比牠的搭檔消耗更多精力，**而牠所得到的回報，便是能繁殖更多後代**（相對於單身馬群中的雄性）。

此外，歌迪亞還分享了一個案例：有匹公馬曾經是聯盟成員，卻在多年後轉而守衛自己的雌馬群，而轉換策略後的繁殖成功率，並不會比一直單獨守衛一群雌馬的雄馬差。

且令人驚訝的是，無論在聯盟中曾經擔任的是從屬或主導角色，都是如此。

歌迪亞在研究聯盟的過程中，目睹了許多小公馬出生。她看著牠們從小就玩在一起，讓她意識到「親和行為有多重要」，以及在卡馬格馬的權力結構上，形成社會連結的能力有多麼關鍵。

目前歌迪亞已經退休了，但她對於馬兒的愛從未消逝：在她家附近的原野上，有二十八匹卡馬格馬，是一開始放牧的那十四匹野馬的第五代後代，這些馬兒在原野上嬉戲、認識朋友，並繼續爭奪權力。

公狒狒結盟的基礎：我幫你，你也幫我

在瓶鼻海豚和卡馬格馬的例子中，一旦聯盟形成後，往往穩定且持久，成員不需要不斷向聯盟夥伴尋求協助。然而，在雄性東非狒狒（*Papio anubis*）身上並非如此。牠們也會組成聯盟，以獲得有利於尋找雌性交配的權力，但狒狒聯盟需要尋求同類的幫助，以完成特定的危險任務。

東非狒狒，又名阿努比斯（Anubis）狒狒，以有張胡狼臉的埃及神祉阿努比斯（按：古埃及神話中的死神，其形象為胡狼頭、人身）命名。動物學家克雷格．派克（Craig Packer）還是大學生時，曾自願協助坦尚尼亞的狒狒研究，但他從沒想過，相關研究會讓他登上《紐約時報》。

派克還是史丹佛大學的醫學院預科學生時，不知道該如何完成學校要求的海外學習計畫。他說：「當時，我有想過大概會去英國，這樣一來，我就不必再學習另一個國家的語言。」

但某一天，這個想法改變了。當年，派克修了著名的環境生物學家保羅．埃爾

利希（Paul Ehrlich）的一門課，他因出版了《人口爆炸》（*Population Bomb*）一書而聲名大噪，在課堂上，埃爾利希讓大家看他去東非旅行的幻燈片。「他給我們看了斑馬的照片，」派克回憶：「然後用他獨有的口氣說道：『想在野外看斑馬的人動作要快，因為牠們即將瀕臨滅絕了。』」

那堂課結束後，有位海外學習計畫的代表告訴學生，史丹佛有個新計畫，要讓大學生去坦尚尼亞的岡貝保護區，跟珍．古德一起進行黑猩猩的研究。派克非常想在斑馬滅絕前親眼看到斑馬，於是便報名參加。

其實，在岡貝保護區有兩個計畫正在進行：研究黑猩猩，或是協助關於東非狒狒的新計畫。派克說：「出於戰略考量，我認為申請研究狒狒的人會比較少，而且我真的只是想去看斑馬，於是我報名了狒狒的計畫。結果，只有兩個人申請研究狒狒，而我就是其中一個。」

從一九七二年五月至十二月，派克在岡貝的工作期間，他完全掌握了狀況。他的任務除了替狒狒取名字之外，還包括追蹤公狒狒及觀察牠們的行為。每天早上，他都會帶著鉛筆、紙和自己準備的檢查表出去。這項工作既艱鉅又費力，但身心都有很大收獲。

「岡貝地形崎嶇，」他說：「狒狒可能會爬上山崖，在距離湖面三百公尺的高度。這非常振奮人心，而且牠們非常靠近你……你可以在五公尺外觀察牠們。」

多年來，專家一直在研究各種狒狒，後來在岡貝展開了東非狒狒的研究，主要關注雌狒狒的社會行為，並發現遺傳相關性構成關鍵的社會關係。但是，派克在追蹤雄性東非狒狒（體重約二十二公斤，站立時高約七十六公分）時，卻驚訝的發現「雄性之間的關係，非常緊張及競爭」。

派克對東非狒狒的社會系統非常感興趣，他後來進入薩塞克斯大學（University Sussex）攻讀博士學位，論文題目就是狒狒群之間雄性的播遷，以及播遷行為是否減少了近親繁殖。

他第二次前往岡貝，從一九七四年六月待到一九七五年五月，雖然他的論文重點是播遷和近親繁殖，而不是攻擊行為，但他還是忍不住注意到雄性正在形成的聯盟，通常是為了接觸正值繁殖期的雌性。

正如派克所說的，雌性狒狒「屁股上都有個愛心形狀」。在雌性的發情期（接受交配的時期）前段，牠們的屁股會急遽膨脹。派克驚訝的發現，**第一批嘗試與發情雌性交配的雄性，通常是低位階的狒狒，而且其他雄性會對首先跟雌性交配的狒狒，表現出一種奇妙的尊重。**

「這些雄性狒狒原本可能是卑微、不起眼的個體，」他指出：「但是，如果牠跟雌性交配，其他狒狒都會自動避開牠……因為身為一個雄性，表示你會不惜一切代價，不讓其他雄性接觸與你交配的雌性。」

當雌性第一次發情時，低位階的狒狒會順從本性立刻採取行動，但派克發現：「體型更大的優勢雄性很快就會加入戰局，有時，甚至會從這些低位階雄性手中搶走雌性。」

派克不禁好奇，低位階的雄性狒狒接著該怎麼做？答案是：「組成聯盟。二對一。事情是這樣的：如果你是優勢雄性，當你跟對手正面交鋒時，有另一個傢伙趁機咬你屁股，你就玩完了。如果牠們聯手，你是沒辦法一打二的。」

派克從岡貝回到薩塞克斯後，去找了約翰·梅納德·史密斯——他不但是派克的博士論文指導委員會成員，也是世界上最重要的演化生物學家。當他走進辦公室時，梅納德・史密斯正在與來自猶他大學（University of Utah）的業內新星里克・查諾夫（Ric Charnov）聊天。

派克回憶：「他們問我：『最讓你感到驚訝的發現是什麼？』」他以為他們感興趣的是自己的論文研究——避免近親繁殖，就從這裡開始說起。「但接著他們說：『是的，那又怎樣？這很明顯，牠們當然會那樣做。但是，有別的意想不到的事嗎？還是讓你感到困惑的事？』」

於是，派克說起了雄性狒狒聯盟的事。他補充說，兩個低位階雄性不只會結盟，以便接近繁殖期雌性，而且「提出要求的一方這次獲得協助，下次對方可能也會向牠尋求幫助」。這引起了他們的注意。

動物會互相提供幫助的想法，在當時的動物行為研究中風靡一時。一九七一年，演化論學家羅伯特・崔弗斯（Robert Trivers）發表一篇名為〈互惠利他主義的演化〉（*The Evolution of Reciprocal Altruism*）的論文，概述了自然選擇在何種情況下可能有利於這種行為。崔弗斯預測，這種互助在具有優勢位階、壽命長的物種身上尤其可能發生，並指出「有助於戰鬥」可能是互惠行為發生的原因。

而東非狒狒的表現，與崔弗斯腦中的設想完全符合。

崔弗斯的模型尚未經過系統性測試，而派克也許能在權力和聯盟形成的背景下進行相關研究，梅納德．史密斯和查諾夫因此感到很興奮。當然，這也激勵派克將研究重點放在狒狒的權力結構之中，互惠行為可能扮演的角色。於是，他回頭去看現場筆記，從一千一百個小時的詳細觀察中，拼湊出正在發生的事。

派克發現，當一個聯盟試圖推翻正與雌性交配的優勢雄性時，叛變行為一開始，一名低位階雄性會做出一連串制式舉動尋求協助，例如眼神不斷在牠找來的幫手，和掌權的目標之間快速來回移動。

這種招攬幫手的行為，有超過七五％會形成聯盟，而東非狒狒聯盟也會得到回報。在將近三分之一的案例中，聯盟會成功破壞優勢雄性和雌性的配對，而這些招募盟友的參戰雄性狒狒，最後都跟雌性成功交配了。

加入聯盟去驅逐優勢雄性其實很危險，因為過程中有可能受傷。派克推斷，如果招募盟友的雄性總是能和雌性配對，被找來幫忙的盟友一定也有補償的利益，否則牠們不會積極回應結盟的請求。當派克和查諾夫在梅納德．史密斯的辦公室談論這件事時，派克告訴他們：「聯盟中的雄性會輪流幫忙。」

多年後，派克發表詳細的分析，認為這確實可能發生。派克發現，雄性加入聯盟的次數，與嘗試招募夥伴的成功機率之間存在相關性。這種模式與輪流幫忙的頻率一致，但沒有明確的證據，因此，派克接著檢視了十八名雄性如何選擇夥伴。

派克特別留意每隻雄性狒狒在推翻上位者時，最常招募的對象，派克稱牠為該雄性「最喜歡的夥伴」。他發現，**如果雄性一號是雄性二號最喜歡招募的夥伴，那麼雄性二號也會較常招募雄性一號提供協助，幾乎毫無例外。**

這個重大發現，證明**在東非狒狒結盟追求權力的過程之中，互惠是不可缺少的重要因素。**

弱勢的低位階狒狒會招募夥伴並結盟，與目前關於動物聯盟演化的文獻方向一致，但相關理論卻相對缺乏。

過去五十年來，動物行為學家不斷蒐集關於聯盟的實驗證據，但理論一直跟不上腳步。兩位理論學家邁克．梅斯特頓—吉本斯（Mesterton-Gibbons）和湯姆．謝拉特（Tom Sherratt），一直試圖改進這種情況。為此，他們建立了一個賽局理論模型，以理解有利於組成聯盟的可能條件。

為了讓模型盡量保持簡單——雖然說，如果你有機會看到這個數學模型，可能不會覺得簡單——他們一開始考慮的是由三個個體組成的研究小組，如此一來，一個聯盟可能是（或可能不是）由兩個個體組成，以對抗第三方。

在數學模型中，梅斯特頓—吉本斯和謝拉特建立各種力量值（strength value）分布，為個體定下可能反應體型大小的力量值。在某些分布中，他們設定了力量值的差異，例如非常強大和非常弱小的個體；而在其他分布中，力量值差異較小，個體的戰鬥力還是有區別，但不是很明顯。

此外，該模型還考慮不同的面向，將個體的力量和所屬聯盟的力量，投射到取得資源的機率。在某些情況下，力量就預言了勝利；但在其他情況下，這是一個不太可靠的指標。

與任何數學模型相同的是，這個模型也提出許多假說，例如假設小組的每個個體都知道自己的實力，卻不清楚另外兩名選手的實力。此外，該模型還假設加入聯盟有代價，而若是發生戰鬥，則有戰鬥代價。

梅斯特頓—吉本斯和謝拉特搜索了在追求權力的過程中，有利於聯盟形成的具體條件。他們的其中一個發現相當直觀：當加入聯盟的代價——例如，加入狒狒聯盟受傷的風險——很低時，則更有可能形成聯盟。

除此之外，更有趣的發現是，**當力量值差異很大時（有些個體擁有很高的力量值，有些個體則很低），個體間更可能結盟。**

與東非狒狒研究最相關的是此模型提出的預測，即在某些條件下，例如戰鬥力存在很大差異時，更強壯的優勢動物會單打獨鬥，但體力較差的弱勢動物則會嘗試結盟，就如同岡貝的東非狒狒。

黑猩猩政治學

在動物的結盟行為中，無論是靈長類動物還是其他動物，最出名的就是荷蘭阿納姆動物園（Arnhem Zoo）的黑猩猩，牠們因為知名靈長類動物學家法蘭斯・德瓦爾（Frans de Waal）的暢銷書《黑猩猩政治學》（*Chimpanzee Politics*），而引起許多人的注意與好奇。

阿納姆動物園位於荷蘭首都阿姆斯特丹（Amsterdam）東南方，距離阿姆斯特丹約一小時車程。《黑猩猩政治學》中詳述一九七五年至一九八一年間，該地一大群黑猩猩的各種耍手段行為。

動物園是安東・范・胡夫（Anton van Hooff）的心血結晶，廣大的場地容納了許多黑猩猩，於一九七一年開幕，開幕儀式由廣受歡迎的動物行為學家德斯蒙德・莫里斯（Desmond Morris）主持。正如德瓦爾參考莫里斯某本書的標題所寫的那樣，當時莫里斯身旁全是「穿著無可挑剔的裸猿」（譯註：莫里斯曾出版《裸猿》〔*The Naked Ape*〕一書，認為人類不過就是一種沒有皮毛、裸露出皮膚的「裸猿」）。

在德瓦爾研究的早期，阿納姆猿群有四個成年雄性、九個成年雌性、四個青春期雌性、六個青春期雄性，以及六個年齡更小的個體。

大多數人無法分辨出不同的黑猩猩個體，德瓦爾說：「一般人只看到一群黑猩猩到處跑來跑去。但是對我們來說，牠們所有的行為都有意義，因為我們認得每隻黑猩猩。」

冬天時，黑猩猩會被安置在室內；但每年四月中旬至十一月下旬，牠們會在面積約一公頃的室外空間自由活動。德瓦爾和團隊裡的學生，會使用雙筒望遠鏡觀察黑猩猩，從辦公室就可以俯瞰戶外園地。有時，他們會弄來大型錄影機（需要三個人合力才搬得動），放在能俯瞰戶外園地的城牆上拍攝，蒐集了數千小時的社會行為數據。

一九七五年，德瓦爾在阿納姆進行博士後研究的第一年，黑猩猩之間維持著良好的關係。

「我到達阿納姆後，日子過得很平靜，」德瓦爾回憶：「沒發生什麼事……猿群幾乎沒有衝突發生。這給了我很好的機會，花一整年的時間好好了解黑猩猩。」

後來，一隻雄性黑猩猩試圖發動政變以掌握權力時，平靜的日子才就此結束。德瓦爾回想當時：「所有的爭權奪勢突然展開。」這時，他才開始關注聯盟所扮演的角色，以及結盟關係如何影響黑猩猩的權力結構。

德瓦爾發現，雄性和雌性之間皆存在聯盟，但兩性之間的聯盟則有顯著差異。**雄性聯盟是在攻擊性互動的背景下形成，但在這些情況以外，成員之間其實不太有**

社會互動。德瓦爾認為這種形式的聯盟，跟地位有關——也就是說，**雄性結盟是為了增加在優勢位階上升的機會**。

德瓦爾解釋：「成為α雄性必須有支持者，這點牠無法獨自完成，因此牠必須讓支持者開心。」

另一方面，雌性黑猩猩之間的連結，讓牠們在衝突期間組成聯盟，但和雄性之間的聯盟明顯不同。**雌性的聯盟穩定而持久，最常結盟的對象是遺傳親屬和「朋友」**（在聯盟之外，彼此之間仍會有友善互動）。

「雌性朋友之間有一定的忠誠度，」德瓦爾指出：「在這層意義上，**雌性聯盟的重點在於保護與你親近的人，而不是提升地位**。」

阿納姆族群的每隻黑猩猩，都會密切關注隨時上演的複雜權力運作。某天早上，兩個雄性個體間發生一場激烈的打鬥，而在同一天下午，德瓦爾就看到「一陣混亂……黑猩猩尖叫、大喊、互相擁抱」，但他完全不知道發生了什麼事。

那天稍晚，他突然想到：「下午整個事件的中心，就是那兩隻黑猩猩——早上大打一場的那兩隻。我才想到牠們可能和解了，因此全部的黑猩猩都很開心。」

多年來，德瓦爾明確表示，動物行為學家如果要將研究延伸至野外的黑猩猩族群時，必須抱持謹慎的態度。但他越來越有信心，阿納姆黑猩猩聯盟和爭權的某些層面，足以代表自然族群中更普遍的模式——至少對於雄性而言是如此。

德瓦爾的朋友兼同事，日本靈長類動物學家西田利貞，一直鼓勵他來一趟坦尚尼亞的馬哈勒山脈（Mahale Mountains），看看西田正在研究的黑猩猩群。在《黑猩猩政治學》一書出版二十年後，德瓦爾終於接受了邀請。

德瓦爾在馬哈勒的所見所聞，讓他發現「雄性做的事都一樣。雖然在野外，牠們的空間比較大，許多事情靠聲音就能完成，但是，擁有聯盟夥伴和讓夥伴開心的權力運作模式，都是一樣的」。

不過，他還是發現了一個不同之處：在阿納姆，雄性不必處理來自附近其他群體的威脅。但在野外，這一點無法避免，而且群體之間的衝突可能很激烈。

馬哈勒雌性黑猩猩的生活，則跟阿納姆的雌性明顯不同，尤其是與聯盟和權力有關的部分。德瓦爾在馬哈勒發現：「人工飼養的雌性黑猩猩聯盟比較強大，因為雌性黑猩猩並不是分散在森林各處。所以，人工飼養的雌性黑猩猩具有高度團結性，權力集團對牠們而言更重要。」

女子結盟，讓雄猩猩差點沒命

剛果民主共和國的萬巴野外工作站（Wamba Field Station），位於馬哈勒山脈以東約一千兩百公里處，動物學家德山奈帆子針對權力和雌性聯盟則有截然不同的發現。在研究與黑猩猩親屬關係最接近的物種——倭黑猩猩（*Pan paniscus*）時，她發現雌性聯盟在野外是真實存在，而且十分強大的。

以附近小村莊命名的萬巴野外工作站，是研究野外倭黑猩猩時間最長的基地：四十七年，而且時間還在持續增加。

二〇一二年至二〇一五年間，德山和團隊針對倭黑猩猩P組聯盟行為的運作，蒐集了將近兩千個小時的觀察結果。

德山會在凌晨四點起床，步行一個半小時，抵達她研究的倭黑猩猩居住區域，接著在本地嚮導的協助下追蹤牠們。不過，就算有本地嚮導的協助，這也是個不簡單的任務，因為倭黑猩猩群體一直在移動，而且牠們會在每個去過的地方，都建立新巢穴。

P組通常有約二十五隻倭黑猩猩。牠們已經習慣了德山會出現在附近，必要的話她其實可以非常靠近，大約距離兩公尺，但出於安全因素，以及想看清楚小組的互動，她通常會保持約六公尺遠。

德山會觀察一隻倭黑猩猩五分鐘，然後換下一隻，每天觀察一輪又一輪。德山通常都在筆記本上做筆記，不過有時她也會錄下動物的行為。

倭黑猩猩的攻擊包含許多形式，攻擊者從口頭威脅到指控、追逐、抓、踢，有時還會嚴重毆打，而潛在的受害者則會有逃避行為、逃跑、齜牙咧嘴和尖叫。

而一天工作結束後，德山回到野外站，當地村莊的人會過來問她關於倭黑猩猩、日本生活的問題，想到什麼就問什麼。

雄性倭黑猩猩的體型，比雌性大二五%，而雌性組成聯盟是為了保護彼此免於雄性攻擊。

在雌性組成的一百零八個聯盟中，多數由兩個或三個雌性組成，當牠們團體行動時，最常做的便是針對會騷擾成員的雄性，施予威脅、追逐或攻擊等懲罰，大約有七〇%的機率，雄性會撤退，雌性聯盟成員安然無恙。而如果雌性沒有聯盟夥伴在身旁，牠獨自行動時被雄性騷擾的機率會高很多。

有時，雌性聯盟會發揮出驚人的實力。二〇一五年，德山有一次看到四個雌性攻擊α雄性。該雄性是四個雄性的小組其中一員，正在騷擾發情期的雌性。

突然間，牠的三個同盟夥伴衝過來。雌性聯軍無情的攻擊α雄性，導致牠幾乎是落荒而逃，差點沒命。

「大概有三週的時間，我們都沒看到牠；再看到時，牠已經不再是α雄性，而是一個會害怕雌性的低位階雄性。」德山說：「那次事件，真的讓我印象深刻。」

無論是倭黑猩猩、黑猩猩、狒狒、馬、海豚、鬣狗，都展現出動物在追求權力的過程中，必須駕馭社會環境的複雜性。在下一章中，情況會變得更加複雜，因為探討的層面是當權者會盡其所能，阻止其他個體走上通往權力頂端的道路。

第六章

當權者鞏固地位的方式

權力不會腐敗。會腐敗的是恐懼……或是害怕失去權力的恐懼。

——美國作家約翰・斯坦貝克（John Steinbeck），

《丕平四世的短命王朝》（*The Short Reign of Pippin IV*）

一九七三年時，康乃爾大學生態和行為學教授史蒂芬・艾姆蘭（Stephen Emlen），正準備安排他教學以來的第一次學術休假，他打算善加利用。「當時的我，一心只想改變世界，」艾姆蘭回憶：「我希望能研究一個複雜的系統。」

他研究鳥類這麼多年以來，從未親眼見過白額蜂虎，而他的好友兼同事，蘇格蘭動物行為學家希拉里・弗萊（Hillary Fry）曾在奈及利亞研究一個相近物種，弗萊因此說服艾姆蘭相信，白額蜂虎可能符合他的需求，擁有能夠改變世界的系統。

不久後，艾姆蘭和他的同事娜塔莉・德蒙（Natalie Demong），啟程前往位於肯亞首都奈洛比（Nairobi）西北方約一百八十公里處的吉爾吉爾（Gilgil），途中他們在蘇格蘭稍作停留，並拜訪弗萊，艾姆蘭說：「弗萊幫了我很多忙，讓我避免犯下大錯。」

艾姆蘭發現吉爾吉爾到處都是蜂虎群。白額蜂虎身上混雜著綠色、紅色、黃色、藍色、黑色和白色羽毛，成群生活在懸崖邊，而且會在懸崖表面挖大約一公尺深的巢洞。

「我們從固定的研究項目開始：在鳥的身上作記號，採集血液樣本，」艾姆蘭說：「然後就是觀察、觀察、再觀察。」

第一次造訪吉爾吉爾時，艾姆蘭和德蒙的研究對象是私人農場內的一個鳥群，但過程不太順利。他們把蜂虎視為美麗的生物，而且是研究權力動態等動物行為的無窮寶藏；然而，當地人的看法卻截然不同。

「有一次，我們正在蒐集數據，一群當地人路過，問我們在做什麼。」艾姆蘭說：「我興致勃勃的向他們展示資料……我以為是在跟他們分享美妙的知識。」

當時，艾姆蘭並沒有想到，有時他人利用知識的方式，可能是以全家的飢餓程度作為判斷依據。艾姆蘭繼續說道：「幾天後我們回到相同的地方，發現所有的鳥都落入陷阱，整個鳥群都被吃掉了。」

從此以後，他就轉移陣地，改為研究納庫魯湖國家公園（Lake Naguru National Park）保護區內的鳥群。

蜂虎爸爸會阻止兒子出外繁殖

不久之後，艾姆蘭得到國家地理學會資助，並利用古根漢獎學金（Guggenheim Fellowship）在肯亞多待上一段時間。接著，又有來自美國國家科學基金會和其他機構的資金挹注，讓他有餘力找來行為生態學家彼得．雷吉（Peter Wrege）主導該研究計畫，並聘請一組肯亞團隊，每天都會有人在現場進行研究。

隨著時間過去，艾姆蘭和團隊繪製出懸崖鳥群的分布圖，並在每個鳥群的鳥身上都做了記號。

艾姆蘭有很多懸崖的放大照片，照片上是數十個深入懸崖的鳥巢入口。他說：「每個鳥巢入口都有一個號碼，每個洞就像一個公寓，擁有一個地址。誰從哪個地址進出，就是我們在蒐集的資料。」

每間公寓都住著一個蜂虎大家庭，成員通常包括占主導地位、負責繁殖的一對公母蜂虎，以及牠們的後代，和關係較遠的遺傳親屬。

不在繁殖期內的居住者會充當幫手，負責餵食和照顧占主導地位那一對蜂虎最近生下的幼鳥。後來艾姆蘭才發現，這些公寓和周圍的鄰居之間，是醞釀無止境權力衝突的最佳溫床，衝突甚至存在於父子之間。

艾姆蘭和團隊在懸崖附近設置躲藏處，每天都有一個以上的研究人員躲在裡面，蒐集大量蜂虎的數據。

艾姆蘭解釋蜂虎一天的作息：「蜂虎是很懶惰的，所以你不用一早六點就到那裡等。牠們會安靜的離開鳥巢，分成好幾群擠在一起，這個線索足以讓你判斷牠們的社會系統。」接著，所有的鳥都會離開該地區覓食，尋找飲食中不可或缺的昆蟲。幾個小時後，牠們會回來懸崖，然後再一次出發，尋找蜜蜂等食物。

在繁殖季節，每三天一次蜂虎外出覓食時，艾姆蘭的團隊會偷看鳥巢內部，用一端帶有照明的超長瞄準鏡，查看鳥巢內有多少顆鳥蛋或幾隻幼鳥。

「瞄準鏡可以伸進去超過一公尺，」艾姆蘭說：「就停在鳥蛋正上方，但不會碰到鳥蛋。另外，我們也有一種『捕鳥夾』，等到幼鳥長到夠大時，我們就會把牠們抓出來，幫牠們量體重。」

在那些日子裡，每隔一天，研究人員會分配到一間鳥類公寓，他們得拿著錄音機、用望遠鏡觀察鳥兒覓食回來後的動靜。他們會觀察誰進去鳥巢、誰從鳥巢出來、嘴裡有沒有食物、跟誰打架等行為。艾姆蘭形容：「就像希區考克（按：Sir Alfred Hitchcock，英國電影導演，被稱為「懸疑電影大師」）的電影《後窗》（*Rear Window*），你盯著所有公寓的窗戶，但裡面發生的事比你想像的還多。」

隨著數據累積，有兩件事開始浮上檯面：首先，**在鳥巢裡提供協助的幫手，跟主導的公母蜂虎通常是遺傳親屬，其中又以是牠們父母的情況居多**；其次，牠們的付出，對幼鳥存活率有巨大的影響。因為懸崖邊的鳥巢深度至少有一公尺，對其他鳥群造成極大威脅的爬蟲類和哺乳類掠食者，對蜂虎幾乎束手無策。

在鳥巢防衛戰中，幫手提供的關鍵資源是為幼鳥提供食物，飢餓無疑是幼鳥死亡的主要原因，因此這點在蜂虎系統中尤其重要。讓成年幫手協助，幾乎可以使生產量加倍。

艾姆蘭表示：「其他動物沒有這麼配合的飼養員。幫手提供父母幫助，對幼鳥存活與否非常重要。」

其中，多數幫手是雄性，可能從未試著尋找配偶、在自己的鳥巢中生下幼鳥，或嘗試過但失敗了。然而，有些幫手的確找到配偶，也有了自己的鳥巢，一切似乎很順利，直到一場不尋常的權力鬥爭展開。

艾姆蘭和團隊想了解，雄性在配偶要生蛋的前幾天餵食牠的機率，當他們正在蒐集數據時，無意間發現這場鬥爭。他們發現，**當雄鳥在餵食配偶時，通常會有另一隻雄鳥飛過來打斷。**

當艾姆蘭查閱團隊多年來累積的家譜時，他發現會來打斷餵食的，幾乎總是雄鳥的父親。有時兄弟或祖父也會這樣做，但是對兒子而言較具優勢的父親，是最常見的罪魁禍首。

這出乎艾姆蘭的意料。**一般來說，天擇條件下，動物通常會幫助遺傳親屬，尤其是像自己後代這樣的近親，不會去妨礙牠們繁殖。**然而，艾姆蘭對親屬關係如何建構合作和利他主義再熟悉不過，堪稱世界級的專家。所以，這個父子之間的權力衝突，到底是怎麼一回事？

艾姆蘭和雷吉分析錄影帶的資料時，發現父親會不斷驅趕兒子，干涉兒子的求偶餵食，並阻止兒子進入鳥巢，還會發出「乞求」的叫聲，希望兒子不要餵食配偶，或更進一步將這四種策略組合運用。**這樣的父子互動後，大約有七五％比例，兒子會選擇放棄自己的鳥巢，回去父親的鳥巢幫忙**。

艾姆蘭和雷吉想知道原因：為什麼父親要用這種方式行使權力？為什麼兒子不更盡力阻止父親？

如果父親不騷擾兒子，讓兒子成功產下了自己的後代，父親就會有新的孫輩；但如果父親騷擾兒子，兒子放棄自己的巢、回去幫助父親，父親就要撫養更多自己的後代。

若以自己（蜂虎父親）為基準，與子輩的親近程度是孫輩的兩倍，艾姆蘭和雷格進行了遺傳計算，證明在某些條件下，天擇更有利於做出干預行為的父親。

但對於兒子而言，必須考慮的因素則截然不同：因為父親比自己更強，如果牠反擊，會有受傷的風險。但是，拋開風險不談，如果兒子留在自己的鳥巢繁殖，牠有可能產下後代；如果牠回去幫忙父親，牠的幫助會讓原本可能死掉的手足生存下來。而演化生物學已證明個體和後代、手足的親近關係相同，所以演化壓力不太會讓兒子非選擇自己產下後代不可。

掌權的父親利用這種不對等的關係，產生吉爾吉爾懸崖上這樣的權力動態，一開始的確令人百思不解。

為了維持權力，動物會利用各種工具以鞏固對同類的控制，蜂虎只是其中一個例子。一旦符合最大利益，自由生活在都柏林公園裡的黇鹿（*Dama dama*，黇音同「天」）會為了鞏固權力跟同類爆發衝突；優勢豚尾獼猴（*Macaca nemestrina*）會監督群體中其他成員的行為；強大的獅尾狒（*Theropithecus gelada*）會採取行動以減少群體衝突；澳洲的壯麗細尾鷯鶯（*Malurus cyeneus*），以及坦干伊喀湖（Lake Tanganyika）的慈鯛，則會逼迫低位階的同類支付某種租金，以換取在牠們統治之下生活的好處。

這些策略究竟如何運作，使掌權者得以維持權力，以及為何該策略有用，是動物行為研究的熱門領域。

來自世界各地的研究團隊，正在探究為何有些行為只在某地發生，別處卻沒有；只在某一個性別發生，另一個性別卻沒有；某些情況下在親屬之間發生，某些情況下卻在外來者之間發生。

為什麼雄黇鹿不太打架？

都柏林人喜歡在鳳凰公園（Phoenix Park）裡隨意散步的數百隻黇鹿。動物行為學家多姆納爾．詹寧斯（Domhnall Jennings）說：「這些鹿已經在公園裡生活數百年，牠們適應得很好……人們非常保護牠們。」

詹寧斯一直在公園蒐集關於鹿的數據，尤其是鹿的權力動態，斷斷續續長達二十五年（且仍持續中）。

從都柏林市中心搭公車，只需二十分鐘，就能抵達面積約七百公頃、約為紐約中央公園（Central Park）兩倍大的鳳凰公園。公園的歷史可以追溯到一六六〇年代，當時此處是皇家狩獵場，引進黇鹿作為獵物。一七四七年，鹿群住了下來，狩獵場轉型成為公園，至今已有兩百七十五年歷史。

詹寧斯的博士研究主題是競賽和攻擊的演化，有一天他遇到了動物學家湯姆・海登（Tom Hayden），他主導一個長期的研究計畫，以鳳凰公園的黇鹿作為研究對象。海登認為，鹿的系統也許符合詹寧斯想做的研究。

詹寧斯回憶：「事情大概就是這樣，你遇到一個人，幫助你完成博士研究，就像一陣旋風。九月的某一天，我還在思考要做什麼研究……第二天，就有人叫我去鳳凰公園蒐集數據。」

詹寧斯的論文重點在於雄性成對的攻擊競賽，尤其是在十月中旬的發情期（交配季節）。當時，公園裡大約有七百五十頭鹿，多數身上都有做記號以辨識身分；沒有記號的，也能透過鹿角形狀和鹿毛花色辨識。他會在日出前到達公園，利用瞄準鏡觀察鹿群，同時記筆記。

有時，他還會帶著一個老式錄影機。詹寧斯說：「是大型的VHS機型，而且我身上還會綁著一組電池，跑遍整個鳳凰公園。公園真的很大，我每天都得走上好幾公里。」

隨著時間過去，詹寧斯的團隊不斷壯大。研究人員會帶著無線電，並配備瞄準鏡，再加上智慧型手機的錄音和錄影功能，他們盡可能觀察整個公園的鹿群，並保持聯繫。他們發現，當雄鹿之間發生一對一打鬥時，附近都有雌性在場。

但有時，他們的觀察會被打斷，這是在公園進行動物行為研究必須付出的代價。詹寧斯回憶：「曾經有個人撿了兩根樹枝，假裝自己是雄鹿，到處跑來跑去，我跟對方說：『請停止這樣的行為。』」

此外，他的團隊還得不時放下手邊工作，提醒路人不要餵鹿，因為這會導致鹿失去對人類的戒心。一旦發生這種情況，詹寧斯擔心遲早有一天雄鹿會突然攻擊人。

詹寧斯、海登和同事開始分析，他們於一九九六年和一九九七年錄製的近兩百場比賽，發現雄鹿的權力動態往往不易察覺。詹寧斯解釋：「一隻雄鹿會走向另一隻，輕輕把牠推開；有時候，甚至不會碰到對方。」偶爾狹路相逢，兩隻雄鹿會平行走在一起，一邊並排緩慢行走，一邊發出叫聲，毛髮直豎，鹿角高高舉起。

若是雄性紅鹿（red deer），會利用這種平行行走蒐集資訊，決定是否升級為更危險的競賽行為。然而，詹寧斯發現在黇鹿身上情況並非如此。

而當權力競賽牽涉進階的身體接觸時。雄鹿會用鹿角纏住對方，試圖將對手往後推。有時，這樣就足以分出勝負，雄鹿會鬆開鹿角，輸家撤退，贏家則讓輸家安靜走開，或是作勢追趕一下。

最激烈、最危險的打鬥行為，就是詹寧斯和同事所說的跳躍撞擊——一隻雄鹿會壓低鹿角，或是後腳向後抬高，接著突然衝撞另一隻雄鹿，或完全離開地面（跳躍）並撞向對手。戰鬥的後果可能很嚴重：有時，跳躍撞擊會導致鹿角斷裂，甚至損害頭骨。

第三者的盤算：預防勝者連勝

雄鹿一對一的權力競賽，一直是詹寧斯研究的一部分，但他在進行博士研究幾年後，開始懷疑自己是否錯過了雄鹿權力鬥爭的重要關鍵。

雄鹿並不是在真空環境中爭奪權力，周圍的同類，尤其是附近比參賽雙方更強大的同類，可能也有自己的利益需要考量。詹寧斯開始鑽研文獻，想找出有權力的雄鹿可能干預周圍競爭的理由。

他想起自己曾看過干預行為好幾次，而且錄影帶裡面可能有更多相關資訊，但他之前從來沒把這當一回事。於是，他決定馬上採取行動，重新挖掘論文時期拍的錄影帶和蒐集的筆記，尋找更多關於干預行為的訊息。

詹寧斯發現，大約有一〇%的一對一互動中，會出現第三者干預，並分成兩種情況。「有可能『砰！』就這樣發生了。」詹寧斯說。事前完全沒有預兆，正在打架中的一方「突然被一百二十公斤的第三隻鹿撞了一下，栽了個大跟斗」。

但是，多數干預行為沒那麼戲劇化，而且比較不危險。詹寧斯繼續解釋：「兩隻雄鹿打架的時候，通常第三隻雄鹿會朝他們走來……打架的雙方會開始跟第三方平行行走，接著第三方則會緩慢走在他們後方。」之後，第三方可能離開，或介入——通常會纏住其中一方的鹿角，加入互推或跳躍撞擊的競賽，打破原本一對一的互動。

詹寧斯和同事發現，**一個地區發生干預行為的次數，會隨著發情雌鹿的數量增加而上升**。但他們也發現，干預次數和那天鹿群的交配次數沒有關係。

這就產生了一個問題：雄鹿介入打架的原因究竟為何？為了找出解答，詹寧斯以我數年前發表過的勝者效應和干預行為模型做測試。

儘管尚未在黇鹿身上明確測試過勝者效應，然而，有間接證據證明勝者效應的確存在。在我的模型中，**干預者並非以支持打架中的任何一方為目標，而是試圖打破雙方的互動。該模型證明干預行為有利於天擇，前提是能阻止其他人取得連勝，不再對干預者構成嚴重威脅。**

此外該模型還預測，所有個體都可能出面干預，但最常見的應該是高位階個體。詹寧斯的發現證實此模型的正確性：**高位階雄鹿最有可能出面干預；而且，位階越高的個體，干預次數越多。**

此外，干預者並非針對任何一方——雖然競爭的其中一方，會在互推或跳躍撞擊中慘敗，但是選擇哪一方究竟是出於體型大小、雙方的位階高低，或是與干預者先前的互動，詹寧斯並沒有發現任何關聯。

為了破壞打鬥的進行，防止勝者效應發揮作用，有一方必須受到攻擊，但是選擇誰似乎是隨機的。結局就是雙方都沒有贏得競賽，因此任何可能產生的勝者效

應，以及未來可能對干預者構成更大威脅，種種可能性都在萌芽狀態就被扼殺了。

以黇鹿來說，干預者的好處被放大，參加競賽的雄鹿因為被打斷，沒有獲得勝利就結束了，而未來參與的競爭也可能沒有結果，這就進一步減少了可能累積的勝者效應。

此外，干預者還以另一種方式受益：與鹿群中其他同類的互動相比，未來如果牠跟牠曾出面干預的任何一方產生互動，獲勝的機率會比較大。

詹寧斯在鑽研文獻時，發現雖然有關於雄鹿做出干預行為會獲得效益的研究，卻幾乎沒有干預受害者的成本分析。

詹寧斯說：「你被打跑了。投注所有心力，結果打鬥被打斷，等於一切都白費了……在我看來，這中間有個需要填補的落差。」

而他後續發表論文〈黇鹿的交配成功率下降，與打鬥期間遭受第三方干預有關〉（*Suffering Third-Party Intervention during Fighting Is Associated with Reduced Mating Success in the Fallow Deer*），則填補了這個落差。

高位階公猴一靠近，爭吵就停止

在豚尾獼猴身上，強者同樣以干預作為工具，雖然作用不同，但同樣耐人尋味。演化生物學家潔西卡・弗萊克（Jessica Flack），在耶基斯國家靈長類動物研究中心（Yerkes National Primate Research Center）研究豚尾獼猴的權力和干預時，已經從靈長類動物學家艾爾文・伯恩斯坦（Irwin Bernstein）和生態學家大井徹的田野調查成果之中，得知許多關於豚尾獼猴權力和攻擊性的資訊。

一九六〇年代初期，伯恩斯坦已先在實驗室對豚尾獼猴進行廣泛研究，因此當他在馬來西亞西岸雨林、位於霹靂州（Perak）和雪蘭莪州（Selangor）之間的安南河（Bernam River）沿岸，展開最早的實地研究時，他以為自己擁有足夠的知識，至少可以讓猴子願意接受觀察。但是，獼猴不太能接受有人類潛伏在這麼近的地方，因為當地人會獵殺牠們作為食物。

為了讓豚尾獼猴習慣他的存在，伯恩斯坦首先使用了野外靈長類動物學家經常採用的方法，他解釋：「在偵測猴群時，我盡量維持不動。」希望這樣一來，猴子能像平常一樣活動。

不過事與願違，牠們反而跑進了長滿巨大柳安木、龍腦香和印茄樹的茂密雨林裡。接著，他試圖賄賂獼猴，提供牠們食物。這次一樣不走運，可能是因為當地人用過同樣方法引誘獼猴落入陷阱。

於是，伯恩斯坦再度發揮創意。他先是在當地市場買了一隻豚尾獼猴，並加以訓練，接著跟這隻獼猴一起在森林裡走來走去，讓以該地區為家的獼猴群看到，之後再假裝有隻九公斤的獼猴坐在他的肩膀上，或走在他身旁。

這次詭計成功，他終於可以集中精神、仔細觀察他想研究的兩個猴群。

經過四百個小時觀察、記錄關於獼猴的一切，伯恩斯坦開始拼湊猴群生活的初步輪廓。

他發表了相關論文，關於牠們何時遷移、搬到何處、誰和誰一起玩、誰喜歡和誰交配、牠們的飲食習慣、牠們的叫聲，以及牠們的權力結構。

獼猴權力的動態涉及大量追逐、威脅和攻擊。伯恩斯坦在論文中，還提到猴子會干涉其他同類之間的攻擊性互動，即使沒有同類要求牠這麼做。因為他無法辨別每隻獼猴的身分，所以無法拼湊出更詳細的權力圖像，但他的研究為大井徹鋪好了路，讓他能向這個目標更邁進一步。

從一九八五年一月起，兩年來大井都在西蘇門答臘研究豚尾獼猴群，地點就在葛林芝火山（Mount Kerinci）山腳下，年降雨量約五千毫米的雨林裡。該地區景觀混合原始雨林和次冠層——例如野薑和香蕉——過去曾經種植茶和咖啡，但早已被早期的荷蘭殖民者遺棄。

比起伯恩斯坦，大井很輕鬆的就讓豚尾獼猴習慣他的存在，因為牠們很喜歡他提供的花生。因此，他可以從正在觀察的主要猴群中，認出全部二十六隻成年和青少年獼猴。

西蘇門答臘獼猴的權力展現包括追逐、拍打、壓制和咬傷。雄性居於雌性之上，占有主導地位。

大井利用兩千多個攻擊行為的紀錄，建構出雄性和雌性兩組優勢位階。儘管不是絕對，但在整個研究過程中，雄性和雌性獼猴的位階，大多穩定不變。

而除了記錄一對一的互動之外，大井還觀察到三方互動，有時是第三方支持競爭的兩個主角之一，或第三方干預並破壞雙方打鬥。

以上種種關於伯恩斯坦、大井和其他人的早期田野調查，都證明獼猴之間的權力鬥爭再複雜不過。

二〇〇〇年代初期，當時還是博士生的弗萊克，與她的導師德瓦爾和大衛·克拉考爾（David Krakauer），以八十四隻豚尾獼猴為對象，在耶基斯研究中心展開一系列關於權力的實驗。

一開始他們發現，當獼猴跟優勢個體進行攻擊性互動時，通常會呲牙裂嘴——嘴唇內縮，牙齒部分裸露。豚尾獼猴和其他相近的獼猴物種一樣，露出牙齒時有兩種情況：一種伴隨著叫聲，另一種則沉默不語。

弗萊克、德瓦爾和其他人的研究發現，在兩隻豚尾獼猴的攻擊性互動中，位階較低的獼猴呲牙裂嘴時，幾乎總是保持安靜，之後事件會就此告一段落。

弗萊克和同事在研究猴群的權力動態時，觀察到許多干預行為，**通常是高位階的個體，會接近爭吵中的兩隻獼猴。**

大多數情況下，只要優勢公猴一靠近，或是表現出生氣的樣子，原有的爭吵就

會中斷；有時，干預者會做出危險程度較低的攻擊行為，同樣會導致兩隻獼猴的互動中斷。

弗萊克對此現象深感興趣，因此她和同事觀察猴群超過一百五十個小時，記錄了四百四十七個公正的干預行為——至少在弗萊克和團隊的眼中，**干預者並不是為了幫助爭吵的任何一方**。

其中，有一百八十九次成功結束了進行中的攻擊行為。但干預也必須付出代價。大約有一〇％的干預行為中，爭吵的其中一方會阻止第三方干預，有時甚至會攻擊干預者，像是咬傷牠。

不過，並不是每隻獼猴都會出手干預。**猴群中四個首領，參與大多數成功、公正的干預行為，且相較於低位階者，牠們的干預比較不會受到抵制**。

這個觀察讓弗萊克好奇，如果她在實驗中移除這些負責干預的個體，並修改猴群權力結構，對這個系統會有什麼影響。

老大不在家，小弟就作亂

為了擾亂豚尾獼猴的權力系統，弗萊克和同事導入分子遺傳學的工具，並配合此實驗修改。遺傳學家研究基因與其功能之間的關係，所採取的方式之一，便是進行「基因剔除」實驗，他們使用基因工程技術，切割或替換關鍵DNA片段，使基因失去活性及功能。如果某特徵因此而不再具有功能，或是由於基因剔除而根本不存在，就表示該基因和上述特徵之間，存在強烈的因果關係。

弗萊克和團隊實行了這個剔除實驗。他們在為期二十週的研究中，隨機選幾天監測整群豚尾獼猴，所有獼猴都可以在室內、室外圍欄內自由移動。接下來，每兩週一次，同樣隨機選擇幾天，讓四隻領頭猴的其中三隻只能待在室內圍欄，時間為十小時，而其餘的猴群則可以在鄰近更大的戶外區域，隨心所欲做自己喜歡的事。

室內和室外圍欄之間有大窗框，三隻只能待在室內的獼猴和其他猴群之間，可以有視覺和聲音交流，但無法有身體上的互動。室內的三隻豚尾獼猴會坐在窗框旁邊，雖無法出手干預，但猴群的其他成員仍能看到牠們和聽到牠們的聲音。這個設計的目的，是為增加猴群仍視這三隻領頭猴為成員的機率。

實驗效果立竿見影，而且十分戲劇化。待在室外圍欄的獼猴，並未增加干預行為；**隨著干預者被剔除，猴群其他成員之間的攻擊機率增加，而玩耍、理毛、打架後和解等利社會行為的發生機率卻減少了。**

更值得注意的是，在干預者受到限制的這段期間，猴群經歷了巴爾幹化（按：balkanization，一個較大的國家或地區，分裂成較小國家或地區的過程），鮮少與外界互動、更小、更同質化的團體，取代了原先較大、較多元的社會網絡。不過，一旦被隔開的領頭猴再度回到猴群，所有的變化都會消失——直到下一個剔除實驗再度展開，情況便會迅速重演。

基因剔除的實驗結果，與移除干預個體的想法一致，至少在一定程度上導致了弗萊克和同事觀察到的權力結構變化。但是，弗萊克和團隊也明白，要詳細解釋實驗結果會很複雜。

如果移除不會干預的個體，是否仍導致相同的結果？他們利用同樣實驗方法，進行規模較小的實驗，但移除不會干預的低位階個體，結果並不會產生最初實驗中看到的大規模變化。雖然較小的實驗中，只有一個個體被剃除，因此實驗結果應謹慎看待，但至少得出的結論，與最初的實驗觀點是一致的：移除高位階干預者，才會造成影響。

原始實驗中另一個可能的干擾因子，是弗萊克和團隊移除會出手干預的個體，也就等於移除了高位階個體，造成變化的可能是位階，而不是干預行為。

也許這些變化的發生，是因為猴群中所有個體正處於位階重組的過程。畢竟，即使領頭猴只被移除短暫的時間，而且仍會出現在視線和聲音範圍內，但其餘的獼猴卻表現出這些被剃除的個體已不再是群體的一部分——儘管弗萊克已試圖降低這種可能性。

這是很難進行測試的對立假說，要移除干預者，弗萊克就必須移除高位階的豚尾獼猴，因為牠們本身就是干預者。因此，要確定未被移除的獼猴是否試圖重組位階，而不是為了回應缺乏干預行為，弗萊克和同事只能尋找與不穩定位階再度形成相關的互動。

這些互動包括低位階獼猴會去挑戰地位較高的個體，以及交鋒時雙方都具有攻擊性，而不是僅限於其中一方等。然而，針對以上兩點，團隊都沒有發現確切證據。總而言之，干預行為不僅會影響權力，而且會對豚尾獼猴的社會本質，產生直接或間接的影響。

但是，同樣是干預行為，在獅尾狒的權力結構上，則有截然不同的影響。動物行為學家伊莉莎貝塔・帕拉吉（Elisabetta Palagi）、維吉妮亞・帕蘭特（Virginia Pallante）和她們的同事，研究的是德國萊茵河自然動物園（NaturZoo Rheine）的圈養族群。

他們發現，**高位階的雌性和雄性獅尾狒，都經常介入正在進行中的爭執**。但這些干預的個體態度往往不公正，**大多會支持競賽雙方中位階較低的成員**。當雙方爭執結束後，干預者會靠近牠想幫助的一方，給予擁抱、一起玩，並幫牠理毛。這種行為似乎能使受害者冷靜下來，並證實能減少抓撓行為，這是獅尾狒和其他靈長類動物焦慮時會有的舉動。

這些干預行為會形成有趣的結果：除了涉入該次競爭中的三方之外，還會影響其他成員之間的權力鬥爭。一旦干預者出面並支持低位階個體，跟干預行為無關的成員，整體攻擊程度也會減少；但如果干預者支持的是高位階的一方，則會發生相反的情況。

帕拉吉將動物園的研究，延伸至田野調查，對象是數百隻自由生活在衣索比亞阿姆哈拉地區（Amhara Region）昆迪高地（Kundi highlands）的獅尾狒族群。她很高興自己先做過動物園的研究：「在野外，你很難事先知道會看見什麼。但是，如果你腦中已經有清楚的概念，會讓田野調查更輕鬆。」

帕拉吉表示，雖然目前只得到初步的觀察結果，但仍讓人感到振奮。根據她的觀察，加上錄影輔助，野生獅尾狒的行為跟她在動物園裡所見很類似。

當權者如何操控，大家才會乖乖聽話？

衣索比亞的昆迪高地是研究權力動態的絕佳場所，澳洲國家植物園（Australian National Botanic Gardens）也不遑多讓，儘管原因並不相同。

位於坎培拉的澳洲國家植物園，占地十二公頃，種植了金合歡樹、尤加利樹、大量的蘭花，以及大約六千種植物，數量多達六萬三千棵，可供觀賞、嗅聞、觸摸。不只大自然愛好者沉浸在此處的植物之中，一群壯麗細尾鷯鶯也以花園為家。

這種鳥類體型嬌小，從鳥喙到尾尖長約十五公分，重量只有微不足道的九公克。在春末和夏季的繁殖季節，雄鳥身上會有華麗的彩虹藍色羽毛，跟平常黑灰色羽毛和橙色的喙呈現強烈對比。雌鳥和未成年鳥身上則是單調的棕色羽毛，但牠們也有可愛的橙色鳥喙，眼睛下方還有一抹橙色。

壯麗細尾鷯鶯的鳥巢是圓頂形的，有一個側面入口。鳥類學家拉烏爾・穆爾德（Raoul Mulder）發現，一到繁殖期間，牠們在鳥巢內部和入口周圍爭奪權力的表現，令人深深著迷。

壯麗細尾鷯鶯跟白額蜂虎一樣，在養育幼鳥時合作無間。占主導地位的雄鳥和雌鳥會生下下一代，而其他性成熟的雄鳥，則會暫時延遲建立自己領域和尋找配偶的播遷行為，選擇待在出生的鳥巢，幫助主導的那對雄雌鳥養育後代。

穆爾德對壯麗細尾鷯鶯的交配和求偶行為深感興趣，他對一項觀察感到特別震驚：「我開始注意到雄鳥的詭異行為，尤其是帶著花瓣的舉動。雄性會飛到灌木叢，叼起亮黃色的洋槐花去展示給雌鳥看。不過，這種舉動並不會讓雌鳥立即跟牠交配。真奇怪，所以牠們為什麼要這樣做？」

他發現，花瓣展示是針對不住在該雄鳥領域上的雌鳥，而且那隻雌鳥其實已跟自己領域裡的雄鳥配對了。要說帶著花瓣是一種求愛的表示，最終可能導致被稱為「偶外配對」（extra-pair copulations）的結果。

確實，**基因鑑定分析顯示，壯麗細尾鷯鶯的偶外配對比例特別高：鳥巢裡近七五%的幼鳥，並不是該巢穴中占主導地位的雄鳥後代。**

偶外配對，導致鳥巢中的幫手跟主導雄鳥沒有密切關係。幫手幾乎從不在巢穴中生育任何幼鳥，卻必須負責繁殖週期早期大多數的領域防衛工作，以及餵食鳥巢的幼鳥。

穆爾德指出：「在較大的群體中，占主導地位的雄鳥大多不具備父親身分，也不太做餵食後代的工作。這讓我們產生許多疑問，這一切究竟如何發生？為何幫手願意繼續幫忙？是什麼原因讓牠們願意遵守規則？如果鳥兒之間沒有密切相關，為何牠們仍盡責的出現，並做好餵食工作？」

穆爾德很清楚為何**雄性幫手會延遲離開出生地，主要是因為雌鳥和居住地供不應求**。但是，既然牠們願意留下來，為何他們要餵食主導雄雌鳥後代，並保衛巢穴？穆爾德假設，**一旦配偶和合適的領域越來越缺乏，幫手便會向強大的領域擁有者支付「租金」，以享有舒適安全的居住環境，並等待更好的時機到來。**

一九七〇年代後期，生物學家安東尼．加斯頓（Anthony J Gaston）最早提出這個「支付住宿費」（pay to stay）的說法，如果這個比喻正確的話，一旦幫手沒有支付租金，主導的雄鳥應該會有所反應。要找出事實是否真是如此，就必須以實驗來驗證。

穆爾德與動物行為學家娜歐蜜．蘭莫爾（Naomi Langmore）合作，模擬幫手的作弊行為，將牠從鳥巢移除二十四小時，讓牠在這段時間沒辦法做防禦和餵食的工作——實際上，就是強迫牠拖欠房租。二十四小時後，穆爾德和蘭莫爾再將幫手放回鳥巢，看主導雄鳥會如何反應。

由於植物園的管理員堅持，希望穆爾德和蘭莫爾能在每天早上九點前完成工作，因此他們會在前一天晚上計畫好要以哪個鳥巢為目標，隔天一早就架網，希望能抓到前一天晚上的目標幫手。

穆爾德解釋：「如果那天走運的話，我們就是出門，馬上抓到目標，過個馬路回到大學，把牠關進籠子裡，給牠食物和水，讓牠享受安靜的旅館時光。第二天，我們會把牠放進袋子裡，走回牠的鳥巢附近，然後放了牠。」之後，他和蘭莫爾會帶著雙筒望遠鏡和錄音機，觀察（並記錄）接下來的發展。

那一年，他們一共進行了三次移除實驗。

第一次移除時，雄鳥才剛把羽毛換成彩虹般美麗的顏色，但繁殖季節尚未開始，他們共移除了六個幫手。穆爾德笑著說：「結果出乎預料。我們抓了幫手，把牠關起來，再把牠放回去，結果就好像牠從來沒有不見一樣。雄鳥對牠沒有明顯敵意。什麼都沒有。」但是話又說回來，他知道這段時間幫手並沒有在保護鳥巢的蛋或餵食幼鳥，因為本來就沒有需要保護或餵食的對象。

而第二次進行實驗時，雌鳥正在孵蛋，到了第三次則是已有幼鳥孵化出來，事情就變得有趣多了。在這十四次移除後，主導雄鳥對於幫手不付房租的行為有了明確回應。

穆爾德解釋：「大多數的情況是，幫手只要一飛回鳥巢，雄鳥就會立刻無情的把牠趕出去。顯然占主導地位的雄鳥，已經注意到牠不見了。這個追逐會持續四至五分鐘。」

有時，占主導地位的雄鳥會抓住幫手，甚至用鳥喙啄牠，不過，穆爾德並沒有在鳥兒身上發現明顯傷痕。追逐的行為會斷斷續續持續一、兩天，最終停止，也許是雄鳥已充分表達了憤怒。幫手再度被接納，回到群體，行為互動也回復穆爾德和蘭莫爾綁架小鳥之前的樣子。

掌握權力的雄鳥為何會懲罰怠忽職守的幫手，穆爾德和蘭莫爾提出許多解釋：也許主導的雄鳥在幫手移除又被放回來後，沒有認出牠；也許曾經是幫手的那隻鳥，現在被當作外來者。不過，證據顯示並非如此。幫手會在幾天內再度融入群體，但來自這塊領域以外的其他雄鳥，則會被主導雄鳥追趕，直到牠們永遠離開。

此外，穆爾德和蘭莫爾還思考了這個可能性：優勢雄鳥之所以攻擊回巢幫手，是因為牠們身上的睪固酮濃度偏高，特別有攻擊性。

但是，這個說法無法成立，因為在第一次移除實驗時，幫手回巢並沒有受到懲罰，這時主導雄鳥正轉換成繁殖期的美麗羽衣，雖然尚未開始繁殖，身上的睪固酮濃度也很高。也就是說，睪固酮的濃度高，並不是導致優勢雄鳥反應激烈的原因。

回到最初推動這項研究的問題——為何幫手願意繼續幫忙？是什麼原因讓牠們願意遵守規則？穆爾德和蘭莫爾認為，這跟支付（或不支付）租金有關。**有權力的雄性壯麗細尾鷯鶯，會懲罰在最需要的時候，不提供食物和協助防禦的幫手。**

光靠一己之力，很難活下來

不只壯麗細尾鷯鶯會支付租金，慈鯛也會。美新亮麗鯛（*Neolamprologus pulcher*）有冰藍色眼睛和藍色尖尖的魚鰭，有時會被稱為「坦干伊喀湖中公主」（Princess of Lake Tanganyika），牠們的巢穴中也有幫手，但這個物種支付住宿費的權力系統，與壯麗細尾鷯鶯完全不同。

一般來說，幫手會協助領域擁有者，增加其繁殖成功率。但是，在野外和實驗室兩邊都進行過研究的行為生態學家麥克・塔博斯基（Michael Taborsky）發現，美新亮麗鯛的複雜性更高：美新亮麗鯛的幫手可能是雄性，也可能是雌性；體型有大也有小；牠們跟領域上的優勢魚可能有親屬關係，也可能沒有關係。

塔博斯基在坦干伊喀湖北端的蒲隆地（Burundi，東非內陸國家），展開美新亮麗鯛田野調查的博士研究計畫。也針對相同物種進行博士研究的多明尼克・林伯格（Dominique Limberger），研究的方向比較傾向於生理而非行為，他們兩人一起在湖邊租了一間小木屋，房東是魚類加工工廠。

就像所有博士生一樣，他們迫不及待展開研究，然而，實地考察時出乎意料的狀況，使他們不得不放慢腳步。

「我們來到蒲隆地時，發生了霍亂大流行。」塔博斯基說：「我們無法前往湖邊，必須先跟當局進行協商。」

此外，霍亂也不是唯一的危險。湖裡到處都是河馬，塔博斯基曾跟當地的魚類出口商（他們的工作，是將數以千計的慈鯛運往世界各地的寵物店）聊過，出口商說就在他們來到這裡的幾週前，河馬在他們想進行慈鯛研究的地區，咬死了一名潛水員，而且那個潛水員是短時間內第四個遭遇不幸的人。

塔博斯基說：「他們提醒我們，要潛得夠深，河馬才抓不到你。」但這顯然有難度，因為他們觀察的主要地點，只有大約三至五公尺深。「我們怕得要死，一聽到聲音就四處張望。」

每天，塔博斯基都會搭上由當地漁夫駕駛的船，穿上潛水裝備，花四至六個小時觀察美新亮麗鯛，在PVC板上用防水麥克筆寫下筆記。

他很快就看到主導地位的一對魚，周遭大約有六個協助保衛領域的幫手，每個領域都包括湖床上用於繁殖的洞穴或裂縫。幫手會協助清潔、搧動水流以增加魚卵帶氧量、在繁殖場地周圍挖沙，並防禦掠食者和其他同類入侵。

塔博斯基很快就有兩個發現。首先，雄性和雌性幫手的行為並沒有實質上差異。其次，性成熟的幫手留在父母的巢穴，或是毫無關係的幫手加入新的巢穴，並不是因為他們缺乏可以獨立生活的地方，能選擇的地方其實很多。**個體之所以會選擇成為幫手，反而多半是因為獨自生活風險太大。**

塔博斯基分析：「從現場實驗中發現，群體能共同保衛棲身之地；但如果沒有群體保護，只靠自己，幾乎沒有生存的機會。」

隨著時間過去，他也發現，雖然這情況很少見，但是當主導那對魚的其中一方（或雙方）死亡時，跟他們毫無關係的幫手，有時會接管地盤，成為領域的主人。「幫手能取得領域內的資源，尤其是能在領域內得到保護，當然，他們也必須做點什麼，以支付被允許留下來的費用，支付租金來獲得團體成員資格，並被允許進入安全區域。」為了了解情況是否真是如此，他和行為生態學家雷夫·布格繆勒（Ralph Bergmüller），在瑞士首都伯恩（Bern）的動物學研究所（Institute of Zoology）進行了一項實驗。

布格繆勒和塔博斯基創造出合適的居住領域，裡頭住著一對主要繁殖的公母魚，和一大一小兩名幫手。

在實驗的第一階段，四名小組成員都面臨來自非團體成員的雄性入侵者威脅。針對入侵者的防禦行為，以及成員之間的攻擊性互動，都被一一記錄下來。

而在第二階段試驗中，使用聰明的分隔組合，將其中一個幫手放在看不到入侵者的隔間裡，但其他成員都可以看到該幫手及入侵者。接著，第三階段整個小組重新組合，每個成員都能看到入侵者。

布格繆勒和塔博斯基預測，在第二階段時，其他小組成員會補位、增強防禦，而牠們的確這麼做：填補幫手的空缺，尤其是當入侵者體型很大的時候。

此外，他們還預測第二階段什麼都沒做的幫手會受到懲罰，結果卻耐人尋味。到了第三階段，占有主導地位的魚並沒有攻擊該幫手，儘管支付住宿費的模型預測牠們會這麼做。

結果，證實支付住宿費模式存在的證據，是以完全不同的方式呈現。在第二階段被擋住、沒看到入侵者的幫手，尤其是體型較小的幫手，在第三階段增加了防禦行為（與第一階段相比），也許是因此而逃掉了來自其他組員的懲罰。

近期的研究發現，根據協助行為的類型及其發生的環境，有時主導地位的美新亮麗鯛，確實會懲罰未能提供協助的幫手。塔博斯基將這種懲罰不付租金的行為變化，稱為「特定勞務懲罰」（commodity-specific punishment），證明了在支付住宿費這個複雜系統中的所有個體，無論掌握權力與否，都必須巧妙應對多元的環境和社會線索。

白額蜂虎、黇鹿、豚尾獼猴、獅尾狒、壯麗細尾鷯鶯和慈鯛，都向我們展示了強大的意志，牠們會盡可能控制低位階的同類。每個動物都將追求權力，融入群體生活。

事實上，到目前為止，本書每一章的每個例子，幾乎都是關於社會化的群居動物如何追求權力，而我們已經探討了各種權力鬥爭發生的群體，以及鬥爭的屬性。接下來，我們要探討另一個截然不同的面相——群體層級的權力。

第七章

如何在衝突中存活

「所有動物都是平等的。但有些動物比其他動物更平等。」（拿破崙〔Napoleon〕豬）

——英國作家喬治．歐威爾（George Orwell），《動物農莊》（*Animal Farm*）

說到鯊魚灣的海豚，除了發生在聯盟內部的權力鬥爭，聯盟之間也經常團結起來，試圖施展權威在其他聯盟之上，使情況變得更加複雜。

當兩個聯盟的成員聯手，確保擁有新的繁殖機會，或確保聯盟不會失去掌握的權力，「二階」（second-order）聯盟就此誕生。海豚專家理查．康納微笑著補充：「這些強大的聯盟，幾十年來通常都很穩定，除非突然有了缺……如果剛好有個老傢伙失去夥伴，他可能會加入。」

如果說這還不夠厲害，二階聯盟甚至還會團結起來，組成三階超級聯盟，與其他超級聯盟爭奪權力。

被驅逐，就再找一個團體加入

對於生活在烏干達的縞獴來說，情況則截然不同：不管有沒有聯盟，群體內部的權力動態都比海豚更殘酷。

研究縞獴長達二十五年的麥克・坎特（Michael Cant）稱之為不可跨越的「戰線」（battle lines）。一旦跨越，就會完全亂成一團。

坎特先是跑去南非研究縞獴，但找不到適合的地點，於是他前往烏干達的伊莉莎白女王國家公園（Queen Elizabeth National Park），他在那裡遇到了倫敦大學學院（University College London）的博士生丹妮爾・德・盧卡（Danielle De Luca），正在完成她的論文研究，題目是縞獴群體生活的代價和利益。

「丹妮爾教我如何捕捉縞獴，讓牠們失去行動力。完全傾囊相授。」坎特說道。

如今，坎特在進行田野調查的同時，也兼顧他在艾希特大學（University of Exeter）的研究。坎特領導的團隊由七名烏干達人助理組成，並由一開始就參與這個計畫的法蘭西斯・萬古西亞（Francis Mwanguhya）負責督導。

每位研究人員都能認出所有縞獴，而且不僅如此，有些縞獴甚至能認得研究小組的某些人。

萬古西亞說：「有一隻雌性縞獴，不喜歡我們其中某一位研究人員。每次只要他一出現，這隻雌性縞獴便會發出咕噥的聲音。因為這位研究人員曾經捉住牠和同類，把牠們留在實驗室裡好幾個小時，才放了牠們。」

縞獴記仇的能力真不是蓋的。萬古西亞驚訝的發現，他的同事在離開一年多後，一回來就受到「熱烈歡迎」：同一隻雌性縞獴，又對他發出相同的咕噥聲。

坎特的早期研究重點，在於縞獴群體內部的高度繁殖偏差：為何有些占主導地位的雌性，會在生產時抑制其他雌性的繁殖？不久後，他更發現「縞獴總是讓人想不透、出乎意料，牠們做的事完全偏離人類的想像，讓我們不得不想破頭提出各種解釋」。

現象之一，**群體裡頭優勢雌性都在同一天生產——事實上，是在同一天早上。每個群體發生這個現象的日子不盡相同，但在同一組內卻有驚人的同步性。**

坎特解釋：「你到現場看就知道了，有四、五名雌性都挺著大肚子，走路搖搖擺擺的。但到了隔天早上，十一點鐘牠們出現時，所有雌性都恢復原有身材。我們還不知道這種同步是如何發生的。」

而另一件讓他想不透的事，則是定期將部分雌性從群體中暴力驅逐的現象，最終促使他轉而研究群體內的權力爭奪。坎特形容：「某一天，你看到的群體是平靜、和諧、充滿愛的氣氛，縞獴互相輕輕咬著對方的脖子；第二天，卻發現情況變得一團亂。」

坎特描述大規模驅逐期間發生的事：「有些個體，出於不明原因，被貼上應受驅逐的標籤，受到大家無情的攻擊——主要是雌性攻擊雌性。但是，一旦某隻縞獴被標記為應受驅逐時，就連幼縞獴也會踢牠幾下。可能是群眾心理學（按：crowd psychology 或 mob psychology，社會心理學中的一個分支，解釋群體行為和個體在群體中如何相互作用）在發揮作用。」

在坎特博士研究的期間，某次大規模驅逐事件後，發生一件出乎意料的事情。十隻雌性縞獴被逐出一個群體後，接近另一個由二十位雄性、八位雌性所組成的大群體。這不是令人驚訝的部分，因為縞獴是群居動物，本來就會這樣，一旦被驅逐，最重要的事就是加入或組建一個新的群體。

坎特說：「早上我到那裡時，那個大群體正在對抗那十隻雌性縞獴，想把牠們趕走。」這並不足為奇。但是坎特繼續補充：「後來，我離開去吃午餐，等我下午回來時，大群體中的九名雄性竟然離開，加入這些雌性的行列，且正在與牠們的舊團體作戰。」這才是令人驚訝的部分。最初看似平凡的驅逐，導致群體之間全面鬥爭。

儘管那次事件令人印象深刻，但坎特後來才發現，那並不是群體之間權力鬥爭的典型模式。

縞獴一年繁殖四次（每年一、二月是牠們比較不活躍的時期），除非是強制驅逐，否則個體通常不會離開群體。而這會增加群體內部的遺傳相關性，可能導致近親繁殖——除非雌性找到解決方法。

牠們的解決辦法，就是去鄰近的群體尋找交配機會。這時，來自原來群體的雄性會跟蹤牠們，因此在群體之間引發大戰。坎特解釋：「在一片混亂的戰鬥中，雌性會趁機去找其他群體的雄性交配。」

群體之間的衝突，令人嘆為觀止。

「縞獴在戰鬥時，就像單細胞生物。」坎特形容：「牠們會用爪子互抓，弄出一堆毛球；在灌木叢中追逐、四處尖叫……有時，你會懷疑到最後縞獴是不是打錯邊了。」

情況簡直一團亂，即使坎特和他的團隊都在現場，卻分不清誰是誰。他們希望植入深度學習ＡＩ程式的無人機開始運作後，能提供幫助。

持續數分鐘的衝突即將結束時，通常會有很多雄性受傷，甚至失去生命，而雌性幾乎毫髮無傷。

但這並不代表雌性不需為群體間的權力鬥爭付出代價。當坎特和團隊觀察幼崽的存活率時發現，如果牠們的群體在三十天內曾參與打鬥，窩裡幼崽的生存機率便會降低。

身上的氣味不同，就把你撕成碎片

阿根廷蟻（*Linepithema humile*）的權力鬥爭，會顯得縞獴的爭權行為相對溫和。

雖然生物學家大衛・霍爾維（David Holway）將阿根廷蟻描述為「一種很普通、非常不起眼的昆蟲」，然而，這些螞蟻會形成巨大的蟻群。**在南加州，超級蟻群之間的權力鬥爭，甚至會導致數萬隻螞蟻死亡。**

由數十億、甚至數兆阿根廷蟻所組成的超級蟻群遍布全球，從澳洲、歐洲（可能有一個蟻群遍布整個大陸）到美國都有牠們的蹤影。一八九一年，牠們隨著從巴西運輸咖啡或甘蔗的船隻，來到美國紐奧良（New Orleans）。

牠們是超級優秀的入侵者，所到之處原生昆蟲完全不是對手。研究外來種的科學家發現，阿根廷蟻並不會互相攻擊，螞蟻大軍只會針對沿途遇到的其他物種攻擊，牠們能成功擴散，有部分要歸功於這個因素。但是，霍爾維和同事覺得這個論述有誤，因此去了一趟阿根廷螞蟻的原生地，想要弄清楚這一點。

「我是那種一直對昆蟲很著迷的小孩，」在加州灣區長大的霍爾維說：「我隱約聽過阿根廷蟻，在加州沿岸地區的住家，到處都可以看到。」

儘管如此，直到一九九〇年代初期，他在猶他大學攻讀博士學位時，才認真思考研究阿根廷蟻的可能性。然而，一開始完全無法引起他的興趣。

就像許多年輕的昆蟲學家，霍爾維期待能研究某處茂密熱帶森林中的神祕物種。至於在加州的街道和草坪做研究，霍爾維這麼說：「完全不是二十多歲的我想到田野調查時，腦中會浮現的景象。」

但他剛好讀到生物學家菲爾．沃德（Phil Ward）的一篇論文，提到加州戴維斯附近的阿根廷蟻，取代了原生物種。當時，入侵生物學（invasion biology）是一個全新的熱門領域，於是霍爾維延續沃德的論述，開始研究阿根廷蟻與本地螞蟻之間的競爭，以及這些入侵者蔓延的速度。

從猶他大學畢業後，霍爾維獲得加州大學聖地牙哥分校（University of California, San Diego）的博士後研究獎學金，在泰德．凱斯實驗室（lab of Ted Case）進行研究。一個月後，他和研究生安迪．蘇亞雷斯（Andy Suarez），一同前往螞蟻的原生地阿根廷。

在阿根廷，這些螞蟻是原生種，而不是入侵者。「我們完全不知道自己在做什麼，」霍爾維說：「阿根廷當地幾乎沒有任何關於阿根廷蟻的論文研究。」

相較之下，早在一百三十年前，阿根廷蟻剛登陸紐奧良不久，美國的科學家就開始研究這些螞蟻。

霍爾維和蘇亞雷斯很快就發現，以占據的面積而言，阿根廷的蟻群比加州或其他地方更小，而蟻群之間發生的事更讓他們感到驚訝。

種種文獻證明，當這些螞蟻是入侵者時，彼此之間並不會表現出攻擊性；但在阿根廷，蟻群之間的戰鬥是通則，而不是例外。

霍爾維和蘇亞雷斯，以及後來跟他們一起合作的尼爾．筒井（Neil Tsutsui），藉由蟻群之間的戰鬥，理解了為何阿根廷蟻所到之處，能完全碾壓原生物種。

他們的觀點如下：在阿根廷長遠的演化時間裡，這些螞蟻生活在許多地方，包括氾濫平原，例如拉斯帕爾馬斯巴拉那河（Rio Parana de las Palmas）和烏拉圭河（Rio Uruguay）的交匯處。

當洪水來襲時，阿根廷蟻和所有的螞蟻物種都會前往高處避難，或是隨著各種碎片被洪水沖走。洪水退去後，這些螞蟻必須重建領域，天擇使得阿根廷蟻具有凶猛的特徵，能跟其他蟻群的阿根廷蟻，以及其他物種一較高下。當牠們入侵新的地區時，身上攜帶著這種演化優勢，於是便對本地螞蟻造成毀滅性的後果。

但是，這趟阿根廷之行仍無法解釋，**為何阿根廷的蟻群之間權力鬥爭在所難免，而加州的阿根廷蟻之間卻不會互相攻擊。**霍爾維說：「如果你在我聖地牙哥的家後院挖一些螞蟻，接著再去柏克萊筒井家的後院，把所有螞蟻放在一起，牠們會融合在一起、自然互動，彷彿牠們本來就是同一個蟻群。」

霍爾維、蘇亞雷斯和筒井將聖地牙哥的阿根廷蟻裝進罐子，再從加州各地其他阿根廷蟻族群中抽取樣本，接著將這些蟻全都一起放在罐子裡。結果，阿根廷蟻對待彼此的方式，就像大家本來就屬於同一個蟻群，幾乎沒有表現出攻擊性。

某次他們沿著公路旅行，中途停靠洛杉磯、聖塔芭芭拉（Santa Barbara）、聖路易斯奧比斯波（San Luis Obispo）和舊金山等地，發現了所謂的「大型超級群落」（the large supercolony，簡稱ＬＳＣ），從聖地牙哥向北延伸將近一千公里，而整個地區的螞蟻相處方式，彷彿牠們是一個快樂的超大蟻群。

不過，ＬＳＣ並不是加州唯一一個超級群落，另外還有四個，分別是霍奇斯湖（Lake Hodges）、斯金納湖（Lake Skinner）、卡頓伍德（Cottonwood）和甜水（Sweetwater）超級群落。雖然規模都比ＬＳＣ小，但仍然很龐大。

霍奇斯湖、卡頓伍德和甜水超級群落都與ＬＳＣ接壤，霍爾維和同事在這些群落的邊界處，觀察到群體之間的權力鬥爭，跟阿根廷當地的情況相比，規模簡直大到驚人。

霍爾維和筒井將Radiolab（按：紐約市公共廣播電台ＷＮＹＣ製作的廣播節目）的podcast團隊，帶到ＬＳＣ和霍奇斯湖超級群落間的邊界，恰好位於加州埃斯孔迪多（Escondido）桉樹大道（Eucalyptus Avenue）一間房子的車道底部。

霍爾維說：「你甚至不需要下車，就能看到接觸帶（contact zone）在哪裡。因為沿路有成堆的死螞蟻。」那是十萬隻死掉的阿根廷工蟻，也是六個月小規模衝突造成的結果。

同行的昆蟲學家兼科普作家馬克．莫菲特（Mark Moffett）親眼見證幾場戰鬥：「牠們一起往前衝，然後就被殺死了，太驚人了。螞蟻向前移動，抓住對方。**牠們沒有武器，就是做多數螞蟻會做的事，互相拉扯，從不同方向往後拉。**」

但是，並非所有阿根廷蟻的邊界爭端，都如此血腥。霍爾維、蘇亞雷斯和筒井，與博士後研究生梅莉莎．史密斯（Melissa Smith）合作，對阿根廷蟻超級群落間的權力鬥爭，進行了系統性的研究。他們畫出疆界，蒐集行為數據，並將螞蟻帶回實驗室做後續研究。

研究成果豐碩，但過程不太有趣，霍爾維這麼說：「我們在街上或住宅的前院蒐集資訊時，總是會有人跑出來，問我們在做什麼。」

超級群落之間會有多處接觸帶。霍爾維和團隊駐紮在LSC和霍奇斯湖、卡頓伍德湖或甜水超級群落之間的十六個接觸帶。霍爾維說：「我們清除現場死掉的工蟻好幾次，牠們的死亡率很高。而且，牠們的爭鬥並不是一場大戰後會有中場休息時間，比較像是持續不斷的小衝突。」

後來，研究團隊將螞蟻帶進實驗室，在不同的超級群落成員之間，安排五對五的戰鬥。他們發現，在這些生存遊戲中，**來自靠近超級群落接壤地區的螞蟻，其攻擊行為最為激烈，而離邊界越遠的螞蟻，戰鬥力則越弱。**

有鑑於邊界上危險且激烈權力爭奪，霍爾維和同事好奇，超級群落的螞蟻是如何分辨其他螞蟻是跟自己同一群體，或來自其他超級群落。

在遺傳問題層面，今日加州的超級群落十分龐大，但一開始可能是少數搭船、火車或汽車來到這裡的螞蟻。這意味著最初的遺傳變異量很低，隨著時間過去，族群內的遺傳相關性應該會提高。

當研究人員適當控制變項，進行分子遺傳分析後，結果顯示的確如此，因此群體層級的權力累積，往往有利於遺傳親屬。

但是，這個結論並沒有回答**螞蟻是用什麼線索，衡量親屬關係**的問題。牠們怎麼「知道」誰是親戚、而誰不是？

部分答案**似乎是遺傳差異，會導致每個超級群落擁有自己獨特的化學氣味**——科普作家莫菲特把這形容為國徽（national emblem）。

如果阿根廷蟻分泌出那種氣味，身上會產生一種被稱作是表皮碳氫化合物（cuticular hydrocarbons）的混合物，就是超級群落的一分子；如果沒有分泌同樣的氣味，就不是同一國的。

而**螞蟻主要是透過觸摸來偵測化學特徵，這就解釋了**在桉樹大道的車道上，**為什麼螞蟻之間會互相碰觸、感覺，以及將對手撕成碎片。**

想擁有足夠食物過冬，就得占鄰居的地

在許多動物系統中，群體層面的權力發展，並不像阿根廷蟻這麼暴力、具有毀滅性，而是細微且複雜。激發群體之間競爭的潛在因素，可能完全出乎人的意料之外，以叢鴉（*Aphelocoma coerulescens*）為例，其競爭因素包含橡實和火。

「牠們需要非常廣闊的領域。」研究叢鴉近五十年的生物學家約翰·菲茲派翠克（John Fitzpatrick）說道。

叢鴉身上的羽毛是淡藍色的，下方覆蓋著白色羽毛，體重約八十五公克，從鳥喙到尾巴的長度大約二十五公分。

菲茲派翠克特別指出：「牠們的領域，比起其他體型類似的鳥還要大得多。」部分原因是一到冬天，叢鴉必須完全依賴約八千顆橡實過活，那是牠們花一整年時間尋找並儲藏起來的。

光是橡實，就需要大量的儲存空間；而雪上加霜的是，大火會定期燒毀牠們的低矮灌木叢棲息地，使樹木有兩、三年的時間無法結出橡實。因此，叢鴉需要一個

夠大的領域，以確保其中部分樹木不會被大火燒毀。

菲茲派翠克解釋：「**對叢鴉來說，棲息地就是一切。基本原則就是盡可能保衛你的家園。但問題在於，你的同類也是這樣想。**」這就導致叢鴉群體間的衝突。

一九七二年，正在讀哈佛的菲茲派翠克，為即將到來的夏天擬訂計畫。菲茲派翠克說他當時想做一些跟科學有關的工作，而室友告訴他，校園裡有佛羅里達州阿奇博爾德生物站（Archbold Biological Station）的暑期實習廣告。於是，他提出申請，申請通過後便在鳥類學家格倫．伍爾芬登（Glen Woolfenden）手下工作，而伍爾芬登一年前就開始在阿奇博爾德叢鴉身上做記號。

菲茲派翠克實習的那個夏天，研究主題是探討叢鴉家庭內部的權力和支配關係。他回憶：「我發明了一堆小玩意兒，一次只能餵一隻鳥。」接著，觀察誰贏得進去餵食器吃花生的機會。

第二年夏天，菲茲派翠克再到阿奇博爾德時，對叢鴉權力和領域之間的關係更感興趣了。他開始繪製叢鴉的領域，並發現繁殖者和幫手在內的家庭群體，一整年都在防衛領域，且不同群體的領域間邊界非常精準，通常約一公尺寬。

從研究初期開始，菲茲派翠克就自稱是「領域測量、繪製的年度指揮官」。在和團隊一同繪製領域的過程中，他想到可以安排群體之間的競賽，以做進一步的研究。鳥兒跟他和助理關係都很好，他笑著說：「因為我們偶爾會提供碎花生。」菲茲派翠克會進到領域中間，並模仿叢鴉的叫聲：「叢鴉家族會全部靠上來吃花生，這樣一來，我們就能把牠們全都移到邊界；其他相鄰的群體也用一樣的方法移動。而當牠們一碰到鄰居就忘記食物，馬上打起來。」

他和團隊發現，領域邊界不僅非常精確，邊界長度甚至延伸了兩百公尺。相鄰領域的家庭成員，沿著兩百公尺的邊界防衛各自的地盤，順利的話能夠侵占鄰居的土地，甚至可能接管一大片其他家族的領域。在這些戰鬥中，叢鴉會利用一連串的攻擊行為，包括叫聲、威脅、追逐等，有時則是激烈扭打，鳥兒會抓住彼此的腿在地上翻滾，直到贏家開始啄輸家。雄性繁殖者比雌性繁殖者更可能參與這些小衝突，而雄性幫手也比雌性幫手更常加入戰局。

在叢鴉的世界中，橡實本來就是限量的，再加上牠們的棲地容易發生火災，可能導致橡實數量更少，因此領域大小是牠們能否成功繁殖的關鍵，群體間的權力鬥爭也就相當重要。**贏得勝利，進而侵占鄰居的一小塊土地，事關能否擁有足夠的橡實過冬。**

菲茲派翠克和他的研究團隊發現，較大的群體通常會打敗較小的群體。他們慢慢拼湊出叢鴉家庭團體是如何增加群體數量，提高在邊境爭鬥中獲勝的機率。

相較於雌性幫手，雄性叢鴉幫手通常能提供主要繁殖者更多幫助——牠們會留在自己的出生地好幾年，不像雌鳥在年輕時就會離開。雌性與雄性之間形成這種差異，是因為雄性幫手留下來能獲得的報酬相當可觀。

首先，能擴大家庭規模，增加牠們和親屬擁有土地的機率。此外，還有另一個隱藏的好處：一旦雄性主要繁殖者死亡，牠的配偶離開後，占優勢地位的那個雄性幫手，便會繼承整個領域。

不過，更常見的情況是，**雄性幫手會在家族領域外圍安頓下來，稍微向外延伸群體領域，為自己和伴侶開闢出一個小小的家園。**菲茲派翠克解釋：「雄鳥會自父母的領域中，繼承較偏遠的土地，並發展出一小塊自己的勢力。」

菲茲派翠克和團隊一直在留意叢鴉「自立門戶」的現象。每年，都會有實習生從野外跑回來，告訴他目前觀察到的現象，可能表示「自立門戶事件」正在展開，而這會引起所有人的注意。

菲茲派翠克說：「我們會很開心，好幾天都會到現場觀察進展……雄鳥一旦成功，便會開闢出二至三公頃的灌木叢土地；如果失敗，就表示鄰近的家庭不斷抗爭，導致牠不得不放棄。」

自立門戶的成功機率約一半。一旦成功，明顯會對雄性幫手帶來好處；而牠的家庭也能因此受益，因為家庭的領域規模擴大了，意味著能獲得更多橡實和更大的家族——尤其是居住在擴大區域的那對叢鴉產下後代時。而擴大群體規模，更有利於未來與隔壁的家庭爭奪權力。

有人就是不想選邊站

對於加爾各答的流浪狗（*Canis lupus familiaris*）來說，橡實和火災跟牠們完全無關，驅動狗群之間鬥爭的動力，主要是垃圾堆和食物來源。

印度科學教育與研究所（Indian Institute of Science Education and Research，簡稱IISR）的安妮迪塔・巴德拉（Anindita Bhadra）對此頗有研究，畢竟她領導的團隊，便是在研究流浪狗的社會行為。

「我一直對流浪狗很感興趣。」在加爾各答長大的巴德拉說：「小時候，我常常餵流浪狗。那時，有些男生會對流浪狗丟石頭，我都氣到跟那些男生打架。」

但是多年後，當巴德拉跟隨印度頂尖的動物行為學家拉加文德拉・加德卡爾（Raghavendra Gadagkar），攻讀動物行為博士學位時，卻選擇研究馬蜂（*Ropalidia marginata*）的社會系統，那是加德卡爾研究了幾十年的物種。

巴德拉的論文〈蜂王和繼任者：原始社會性馬蜂的權力內幕〉（*Queens and Their Successors: The Story of Power in a a Primitively Eusocial Wasp*），重點在於蜂王的繼承。這個物種的蜂王，比其他馬蜂更不具攻擊性，卻能夠完全控制蜂群的繁殖，這是特別之處。

蜂王死後，很快便會產生繼任者——有隻雌蜂會變得非常好鬥，並接手蜂王的位置。然而，一旦牠成為蜂王，就會變得溫順，且不再具攻擊性。

這點與其他群居昆蟲物種呈現鮮明對比，雌蜂成為繼任者，不是因為在蜂群中位階較高，也不是因為年齡或體型優勢。巴德拉的論文探討了該種馬蜂繼位的神祕規則。

「所以我常說：『我研究的是馬蜂的權力關係。』」巴德拉打趣的說道。

當她完成論文後，不得不做出一個艱難的決定。她喜歡研究馬蜂，本來可以繼續原有的研究，但她認為無論如何都無法超越加德卡爾的研究成果。而就在這時，加爾各答新創立的印度科學教育與研究所開出眾多助理教授職缺，招聘剛畢業的博士。於是，巴德拉寫了兩個研究計畫申請，一個跟烏鴉的社會行為有關，另一個則回歸她從小就熟悉的流浪狗。

巴德拉回憶：「我讀了很多關於狗的論文。人們討論狗的演化、社會認知和人狗互動，卻只在寵物身上做實驗，我覺得很驚訝，甚至有點生氣。」她認為，對加爾各答或世界任何地方的流浪狗來說，生活並非如此。

「寵物一直被人類妥善照顧著，」巴德拉繼續解釋：「但是，流浪狗會為了搶食物打架，這跟寵物完全不同……我心想：『為何沒有人研究在自然棲息地放養的狗？幾個世紀以來，這些狗在印度都是這樣生活的。』」

巴德拉在烏鴉和狗的研究計畫之間舉棋不定，於是去找加德卡爾尋求建議。她回憶當時的情況：「他告訴我：『這兩個計畫都很好，但哪一個才是妳真正想做的？』」答案肯定是流浪狗。

況且，從實際的角度來看，IISR的工作還必須擔負大量的教學責任，選擇容易研究的對象會比較輕鬆。流浪狗到處都有，但烏鴉不是，且烏鴉研究更難進行。

地球上十億隻狗之中，大約有八億隻並沒有跟人類一起生活在家裡。巴德拉和團隊在加爾各答附近研究的狗，並沒有逃離人類家庭，或是被人類無情的拋棄。牠們通常被稱為放養的狗（free-ranging dog），意思是牠們不跟人類一起生活，而數百年來牠們的祖先也是如此。

儘管如此，牠們幾乎完全依賴人類提供食物，在垃圾堆覓食、在小吃攤旁邊抓到什麼就吃，或由當地人餵食——許多印度民間故事甚至講述了狗兒的冒險。巴德拉研究的動物也被稱為街犬（street dog），但其實有些並不生活在所謂的街道上（不過，加爾各答多數的流浪狗確實是在街道上討生活）。

巴德拉的團隊中，有大學生和研究生，他們研究流浪狗的一切，從餵食行為、交配策略到父母的照顧、攻擊性和權力動態。在加爾各答，狗群的領域通常剛好是某條街道的一邊，道路另一邊則屬於別的狗群。巴德拉的團隊一眼就能認出所有的狗，他們使用紙筆和錄影機來蒐集數據。

因為白天的陽光毒辣，他們通常選在一早或傍晚觀察。巴德拉解釋：「狗兒多數時候都在四處閒逛，無所事事，互動機率很低。但是，領域內的夥伴聯繫非常牢固。牠們會看著對方，如果A開始吠叫，B也會叫回去……從中我們可以看出微妙的領導線索。」

像這樣的城市田野調查，尤其對象是狗這樣的生物，本身就是一大挑戰。

巴德拉的許多助手都是大學生。幾乎所有成員都是愛狗人士，但很多人沒有上過動物行為課程。巴德拉說：「我必須不斷告訴他們：**如果你正在觀察、蒐集資料，就不能摸狗。不能抱牠、不能餵牠。就算牠瀕臨死亡，你也不能救牠……不能讓數據產生任何誤差。**」

巴德拉和團隊盡可能不要讓這些狗太習慣他們的存在，但流浪狗幾乎時時刻刻都在與人類交流。

巴德拉說：「我們做實驗時，會一直被干擾，人們會問：『你對我們的狗做了什麼？你餵狗吃了什麼？你是在對狗下毒嗎？』」這些街上的愛狗人士，想要確保「他們的」狗沒有受到虐待。

而另外一些人則認為流浪狗很討厭，還是疾病的傳播媒介（必須澄清：多數疾病都不是以流浪狗為傳播媒介），如果巴德拉真的下毒讓街道上不再有流浪狗，他們會很高興。不過，大多數人保持中立，並不特別關心流浪狗。

世界上流浪狗的社會系統因地而異，但在巴德拉研究的加爾各答流浪狗中，沒有明顯的優勢位階。她笑著說：「我覺得這樣很棒，有點像是一種民主制度。」

然而，群體之間的權力動態，可就不是這麼一回事。流浪狗對領域的態度可沒那麼輕鬆。狗群的領域邊界，以尿液清楚的做了記號，且牠們每晚都會加強巡邏，整晚叫個不停，住在那條街上的人類都快瘋了。

街道兩邊的狗群通常都會尊重劃分的邊界，有時一、兩隻狗不小心闖入，馬上就會引來一陣追逐。如果入侵者還不離開，則會引發一場大戰。不過，大多數突發事件會在追逐階段就告一段落，入侵者離開，邊界維持不變。

若是全程觀看的人類，可能會覺得這樣的互動很詭異，正如巴德拉所描述的：「街道T字路口的各個路邊，有許多狗群排隊聚集，站著互相較量，不停的吠叫。突然之間牠們覺得這樣就可以了，於是就走開、躺下。」

正如動物行為學家在許多社會系統中所觀察到的，一塊地盤越有價值，衝突越有可能升級，有時大戰一觸即發。然而，由於狗是擁有複雜認知能力的動物，即使對狗和觀察者而言，衝突已經明顯升溫，但研究人員就是無法完全掌握群體間競爭的實際狀態。

巴德拉舉了一個最佳例子說明：在一片開闊的場地上，有一大一小兩個狗群，在兩端各擁地盤。此處對狗來說是寶貴的土地，因為附近有提供大量食物的小吃攤。巴德拉說：「這兩個狗群經常打架。**公狗只要一碰面，就是一場惡鬥，曾經有兩隻狗在打鬥中喪生。**」

巴德拉和團隊成員都能區分，哪隻狗屬於哪一個狗群。但在這片開闊的地域上，**有一隻黑毛公狗讓他們百思不得其解：牠在狗群之間自由來去，而且所有的狗**

都能容忍牠這樣的行為。牠分別跟兩個狗群的母狗交配，而且在兩個群體之間自由移動，並隨意與兩邊的幼犬玩耍。

這隻公狗看似能充當兩個狗群之間的橋梁，帶頭減少狗群間的暴力行為，然而事實並非如此。巴德拉解釋：「**兩個狗群一旦開打，所有公狗和母狗都會加入戰局，但這隻黑公狗會安靜的坐在遠處，像在看網球比賽一樣，看其他狗打群架**。他從來沒有參加過一場戰鬥，所以我們都叫他甘地（按：Gandhi，印度國父，以非暴力不合作運動帶領印度獨立）。」

為什麼甘地能這樣做，且為什麼兩個狗群也都允許他這樣做，原因並不清楚。但甘地和牠的狗群，促使巴德拉和團隊嘗試想出更多新方法，以深入研究加爾各答流浪狗群體之間微妙的權力鬥爭動態。

要打還是要逃？選一樣

靈長類動物群體之間的鬥爭說也說不完。但研究這樣的鬥爭並不容易，更不用說還得安排實驗。靈長類動物學家梅格．克羅夫特（Meg Crofoot）說明：「你得費盡心思，才能融入一群動物；通常沒有多餘的精力去研究群體之間的行為……這是由於人力和時間的限制，跟興趣無關。」

但是，在二〇〇〇年代初期，身為博士生的克羅夫特有興趣也有時間。當時她正計畫前往巴拿馬的巴羅科羅拉多島（Barro Colorado Island，簡稱ＢＣＩ），研究白面捲尾猴（*Cebus imitator*）的權力動態。

克羅夫特與其他麻省理工學院的研究生合租公寓。有一晚，他們去了酒吧，克羅夫特喃喃自語說她想去ＢＣＩ做研究，需要一群助手幫忙追蹤白面捲尾猴群。她的科技迷室友卻表達了相反意見，認為她真正需要的，應該是一套自動追蹤系統。

於是，克羅夫特深入研究，發現要建造這樣的系統本身就是另一個複雜的論文題目，更不用說要把它拿來研究捲尾猴的行為。

後來，克羅夫特不經意發現，幾年前她曾經見過面的動物行為學家馬丁．維凱爾斯基（Martin Wikelski）和動物學家羅蘭．凱斯（Roland Kays），他們正在建造的自動無線電遙測系統（automated radiotelemetry system，簡稱ＡＲＴＳ）完全符合她的需求，而且ARTS將與BCI的所有研究人員共享。

巴羅科羅拉多島上的捲尾猴群，每個群體中有九至二十五隻不等的猴子。為了展開研究，克羅夫特請同事鮑伯．萊斯諾（Bob Lesnow）從每組選出一、兩隻猴子，用麻醉槍將牠們麻醉後，戴上無線電發報器項圈。過程很順利，雖然捲尾猴並不喜歡（不過，這也是理所當然）。

其中有一隻被克羅夫特稱為布拉沃．路易斯（Bravo Louis）的猴子，就完全不想參一腳，牠戴上項圈兩天後，便扯斷了項圈上的天線。

克羅夫特說她很想幫可憐的布拉沃拿掉項圈：「我追蹤不到牠，但十七年後的現在，牠還活著……太神奇了。我確定牠看到了我，而牠看起來一切都很好。牠也看到了（拿麻醉槍）射牠的鮑伯。基本上，鮑伯只要一踏上這座島，在樹上的布拉沃，就會立刻跑到島嶼的另一邊。」

ARTS很快就將戴項圈猴子的位置數據發送給克羅夫特，一天二十四小時，每十分鐘一次。捲尾猴的群體結構很有凝聚力，因此她也能藉此得知猴群在哪裡。但她還是無法得知特定的小組成員正在做什麼。於是，克羅夫特和同事採用了傳統的焦點個體採樣（focal individual sampling），一組三小時，輪流觀察各個群體誰在餵食、理毛、表現出攻擊性等。

漫長觀察的一天，通常從凌晨約四點三十分開始。克羅夫特會簡單吃個早餐，查看ARTS數據以了解當天早上猴群的位置。克羅夫特微笑著說：「觀察捲尾猴是一件很累的事，牠們總是有很多事做。」捲尾猴會花很多時間，把找到的東西砸碎（按：捲尾猴會拿石頭敲開堅果的果殼），以及四處尋找水果和昆蟲。

「我認為，牠們對覓食區位（foraging niche）的掌控，可以轉化為對一切的控制。」克羅夫特說：「牠們與其他物種的互動很有趣。牠們會抓起小浣熊的尾巴，像套索一樣旋轉後，把小浣熊甩向遠方。森林裡的動物幾乎都被捲尾猴騷擾過，包括人類。」

相鄰的捲尾猴群之間有著明確的邊界，但是通常會有二〇%的重疊區域。這裡就是多數群體間互動發生的地方，包括平均每三天會發生一次的群體間衝突。

「有時，猴群只要發現附近有另一個猴群，牠們就會立刻轉身消失。」克羅夫特說道。但有些時候，兩群捲尾猴會在樹上相互衝撞，克羅夫特解釋衝突的情形：

「體型較大的公猴會爬上高處，在樹枝上跳躍，讓樹枝斷裂、掉到地上。公猴和母猴還會聯合起來，爬到對方背上，並像圖騰柱（按：totem pole，北美洲西部的原住民藝術，木頭柱子上雕刻著人或動物的臉譜）一樣把頭疊起來，對另一群猴子做出威脅的表情。」

如果這樣做還不能讓其中一群離開，雙方就會「像美式足球隊一樣在地面上列隊，互相衝撞、咆嘯並追逐彼此」。

克羅夫特繼續解釋：「如果情況越演越烈，連育嬰中的母猴也會加入戰局，她們背上還揹著緊抓媽媽不放的小猴子。」捲尾猴被打趴在地的情況雖然不常見，但偶爾還是會發生。

掌握了猴群衝突的整體狀況後，克羅夫特開始利用ARTS位置數據，拼湊捲尾猴的權力動態。聽起來像是一種間接評估誰贏得群體衝突的方式，但事實證明，這樣做的確能代替直接的觀察結果。

克羅夫特解釋：「當兩個猴群間起衝突，離開的就是輸的那方，留下的就是贏家，或是打完雙方都離開。沒有模糊空間。」這表示ARTS數據的確適用於群體層級的某些研究。

此外，ARTS數據也證實了，**輸掉群體間的權力鬥爭得付出代價。輸的一方必須花更多時間，四處尋找占其飲食大宗的水果、堅果和昆蟲，而牠們能找到的有可能是品質不佳的剩餘食物。**此外，贏家和輸家能夠使用的睡眠地點，也有數量上的差異。

大群體的搭便車效應

克羅夫特還使用ARTS數據，了解兩個猴群衝突結果的決定性因素，尤其是群體規模和位置對結果造成的影響。克羅夫特和同事分析了五十八次群體衝突的數據，其中一組明顯占上風，更發現了群體規模和位置之間的相互影響。

「大群體比小群體更有可能獲勝，」她說：「不過有趣的是，出於某種特殊原因，**當大群體入侵較小的鄰居領域時，大群體並不會獲勝。**」

更具體的說，她發現每增加一名小組成員，就會增加一〇%的獲勝機率；但**比**

較聚集於自己領域中心的小群體，則擁有不可輕視的力量：任何群體（無論大小）每離開領域中心一百公尺，跟另一組對抗的獲勝機會就會減少將近三分之一。

小群體只要待在自己的領域，就可能會獲勝的原因之一，在於這片土地對牠們來說，比對侵略者更有價值。要花費時間和精力，才能了解你生活的這塊土地的哪裡能找到食物、哪裡能避開掠食者——這意味著同樣一塊地，對於花費心思了解這塊土地的動物而言，會更具有價值。

但克羅夫特猜想，小群體能擊敗入侵其領域的大群體，是否仍有其他原因。大群體雖然個體數量較多，但不具備同等堅強的實力，會不會是因為群體中並非每個個體都盡了自己全力？ARTS 數據與克羅夫特針對群體規模的研究，雖然有其用處，卻無法解答這個疑問，幸好她還可以求助於理論。

克羅夫特曾讀過賽局理論的文獻，知道集體行動和搭便車問題（free-rider problem）。經濟賽局理論學家早就發現，且經過演化賽局理論學家廣泛建立模組後也已證實：**在群體中，逃避付出代價、卻能從合作中獲益的個別團體成員，往往獲得更多好處。**如果某些成員付出了合作的代價，但另一些成員卻免費享有相同的資源，「搭便車」的騙子就成功了。

克羅夫特猜想，也許搭便車是大群體在對抗防衛領域的小群體時，表現不佳的另一個原因。想證實這一點，最好的方法就是進行野外實驗，如果有搭便車現象的話，可以直接測量。她認為，回放實驗是最佳選擇。

克羅夫特和同事擷取六個研究小組的其中四組錄音，製作一分鐘的錄音檔。音檔中有與覓食有關的聲音，包括找到食物的叫聲、從樹上掉下來的水果、移動的猴子。音檔播放到一半，會穿插與打鬥相關的叫嚣，包括該群體所有成員的聲音，讓聽眾能夠粗略估計群體規模。

接下來，他們選定一組捲尾猴，播放另一組的錄音檔來模擬入侵。他們設定，某些時候從放在領域中心的喇叭播放錄音檔，其他則把喇叭放在領域邊緣。所有喇叭在播放聲音時，都面向聽眾。

如果有隻捲尾猴對錄音有反應，離開原本待著的樹，朝喇叭的方向前進五公尺，那麼牠就會被歸類為「接近」，準備好參與群體間的衝突；如果猴子離開樹之後，是遠離喇叭五公尺，就會被歸類為「撤退」，遠離可能發生的群體衝突。

結果顯示，相較於放在邊界的喇叭，捲尾猴選擇接近領域中心喇叭的機率多達七倍。而**搭便車行為的機率，則與位置密切相關：當捲尾猴在領域邊緣時，撤退的機率（也就是搭便車的機率）增加了九一%。**

因此，遠離領域中心的大群體，特別容易受搭便車行為影響，實驗結果正如克羅夫特假設。這也解釋了為何小群體反而能打敗大群體。

無論輸贏，衝突都會帶來壓力

在烏干達基巴萊國家公園（Kibale National Park）的努迦研究站（Ngogo Research Station），克羅夫特的同事兼好友、靈長類動物學家蜜雪兒．布朗（Michelle Brown），也長期在研究靈長類動物系統中群體層面的權力展現。

十五年來，布朗都在研究基巴萊偏遠地區的紅尾猴（*Cercopithecus ascanius*），遠離公園中現在隨處可見的遊客。她花了好幾個月時間，訓練一群烏干達野外助理，跟他們一起進行研究，他們在追蹤紅尾猴（以及其他靈長類動物）時，特別關注猴群之間的權力動態。

紅尾猴群會捍衛自家領域，但是跟捲尾猴一樣，兩個群體的地盤中間會有重疊區域。衝突經常發生在這裡，大多是為了爭奪食物，雖然布朗到現在還搞不清楚「為什麼是這棵榕樹，而不是那棵」。

在一年中的某些時期，鄰近群體平均每天都會有一次衝突，布朗很快就掌握了預測戰鬥來臨的時機。

「我常常開玩笑說我其實會說猴語，」她說：「所以，我知道牠們什麼時候會開打。」

當布朗預測大戰即將展開時，她會迅速指揮助理站在重疊區域的前線和後方，以及圍住戰鬥即將展開的範圍。布朗說：「而就在我們散開的時候，猴子會觀察正在發生的事，不斷跟同類溝通。」

雖然她沒有看過猴子在群際衝突中受重傷，但這些權力競賽確實很危險。布朗解釋：「如果牠們抓到其他群體的猴子，牠們會搧牠耳光、咬牠，有時還會撞牠，讓牠從樹上掉下去。」

假設這樣的衝突會為紅尾猴帶來壓力似乎很合理，但是研究群體層級權力的人，卻從未測試過是否真是如此。因此，布朗決定利用紅尾猴尿液中的荷爾蒙來證實這項猜測。

猴子在植被上尿尿後，布朗和同事會用移液器（按：用來測量液體體積，並可吸取液體、滴入其他容器的器材）蒐集尿液樣本。他們將樣品儲存在太陽能冰箱，接著運往海外進行皮質醇（跟壓力反應有關的荷爾蒙）分析。

尿液樣本中，有三分之一是在群際衝突期間或不久之後蒐集的，其餘的樣本則用來測量皮質醇的基礎濃度。團隊蒐集了二十三隻紅尾猴、共一百零八個尿液樣本，有每隻猴子的基礎濃度樣本，也有群際衝突的樣本。

布朗發現，樣本中的皮質醇濃度升高，是源於群際衝突，這正如她所預期：**衝突會帶來壓力**。但是，有兩個意想不到的轉折。

一方面，儘管許多關於衝突的研究已經證實，比起獲勝，輸掉戰鬥會讓動物體內皮質醇增加更多；然而，**無論是獲勝或輸掉的紅尾猴群體，皮質醇增加幅度都是一樣的**。

另一個轉折則是在群際衝突當下或不久後蒐集的樣本中，皮質醇才會有顯著的增加，在衝突後幾小時再蒐集的樣本，則沒有此現象。這讓布朗感到驚訝，因為其他靈長類動物的研究發現，皮質醇的主要分泌期是在攻擊等壓力事件發生後的幾個小時，而不是在事件發生當下或發生後不久。然而，紅尾猴體內皮質醇達到高峰的現象是後者，而不是前者。

布朗心想，這該如何解釋？**一個可能的原因是，紅尾猴的皮質醇主要分泌期，可能比其他物種更接近壓力事件**，而且猴子確實承受了權力鬥爭本身帶來的壓力。而**另一種可能是，猴子發現了群際衝突即將來臨的跡象**，也許早在布朗和團隊發現之前，而**牠們體內皮質醇的飆升，是針對即將到來的衝突而產生的預期反應**。不過，布朗所做的尿液樣本，仍無法證實這兩個假設何者為真。

權力鬥爭，無論在群體之間，或群體內部的個體之間都隨處可見，顯然掌權與否事關重大。然而，即使動物盡所能獲得權力、鞏固自己的地位，權力仍然岌岌可危。一旦權力結構瓦解，只能以新的方式重建。

第八章

當權力結構瓦解，如何重建？

沒有人會為了放棄權力而奪取權力。

——喬治・奧威爾，《一九八四》（*Nineteen Eighty-Four*）

動物總是在尋找機會，迫使同類放棄權力，並將其歸為己有。奧地利阿爾卑斯山的渡鴉當然也不例外。

除了第四章提及的干預和觀眾效應，渡鴉的關係還牽涉到其他複雜因素。湯瑪斯・邦亞與他的研究夥伴約格・梅森（Jorg Massen）發現，渡鴉可以探測到同類之間的權力平衡發生變化。

研究人員讓一隻渡鴉聽同組其他兩隻鳥的錄音。在試驗中，錄音中有高位階的鳥發出帶支配意涵的叫聲，也就是「自我誇大行為」（按：self-aggrandizing displays，簡稱SAD，誇大自己重要性或權勢的行為），以及低位階的鳥發出表示順從的叫聲。從聽到這些叫聲的渡鴉角度來看，其他渡鴉的權力關係一如預期：占主導地位的發出平常的叫聲，低位階鳥兒的叫聲也表達服從。

但在其他試驗中，邦亞耍了點小心機，讓低位階的鳥發出SAD的叫聲，而高位階的鳥則發出服從叫聲，暗示可能發生權力轉移。結果，雌渡鴉為了減輕壓力而增加「自我導向行為」（按：self-directed behaviors，為達到某些目的，而根據現實情況調整自身行為），暗示權力結構的改變，會讓聽者感到不安。

跟其他動物一樣，渡鴉會不斷蒐集訊息，更新權力結構中產生的代價與利益。這種更新很重要，出於各種原因（包括愛管閒事的研究人員，任意出手干涉自然秩序），在同樣的個體之間，有時權力結構會瓦解後再重組。

權力的結構不會永遠牢靠

當昆蟲學家艾倫．摩爾（Allen Moore）和我，邀請生物學家麥克．阿爾菲耶里（Michael Alfieri）加入一個研究權力動態的計畫時，他應該沒想到事情會演變成這樣：自己一個人待在狹窄、潮溼、黑暗的小房間做研究，且跟滿滿的蟑螂共處一室。

我想，阿爾菲耶里應該非常後悔答應這項邀約。

那是一九九二年，我在肯塔基大學（University of Kentucky）的演化生態學組進行博士後研究。摩爾是校園另一邊農業學院的教授，阿爾菲耶里則剛展開他的博士研究。

摩爾曾經研究過灰色庭蠊（*Nauphoeta cinerea*，又名斑點蟑螂）的優勢位階，我則對權力的演變很感興趣，因此，我們一起想出了一個結合雙方利益的實驗。阿爾菲耶里和我曾在其他計畫上合作過，我認為他能彌補團隊不足之處；而他馬上就答應了我的邀請：「蟑螂嗎？有什麼問題！」

阿爾菲耶里回憶起當時的想法：「反正，只是另外一個用來測試社會演化問題的模組系統。」

研究中，在優勢位階的可複製性議題上，我們只做過一個對照實驗——如果位階瓦解後重組，是否會出現相同的權力結構。這個主題的實驗曾在一九五三年做過，研究對象是一群雞。

而斑點蟑螂的完美系統，能彌補此主題的研究不足。牠們會形成嚴格的線性位階，攻擊行為（撞、衝、咬、踢和扭打）和順從行為（走開、蜷縮、後退、撤離）都很容易觀察及記錄。而且，這些蟑螂很容易研究（還很省錢），因此摩爾在校園裡繁殖了一大群。

阿爾菲耶里的主要任務，是主導一場「促進重組」的實驗。我們改變了小房間裡的日夜週期，讓他可以透過詭異的紅光，觀察夜間活動的蟑螂，而蟑螂無法判別這種紅光。

首先是準備工作。阿爾菲耶里回想起當時的情況，就是「一直不停的將微小的數字黏在蟑螂背上」。共有十一組蟑螂，每組有四隻做記號的公蟑螂，年齡和體型大小大致相同。每個小組都待在鞋盒大小的塑料競技場裡，盒子上方的邊緣塗上凡士林，讓蟑螂無法跑走。沿著房間牆壁則安置了數百隻蟑螂，是摩爾其他研究計畫之用。

一組四隻蟑螂被放在一起後，阿爾菲耶里就會在那裡觀察牠們的行為，大聲轉播實況，並用錄音機錄下來：「蟑螂一號衝向蟑螂二號。」

「我對那個房間記憶猶新，」阿爾菲耶里說：「我記得，我們在觀察競技場中的四隻蟑螂互動，身邊還有數百隻蟑螂在箱子上抓來抓去的聲音。房間很熱，我穿著短褲和T恤，感覺就像有蟑螂在我身上爬，我一直忍不住想伸手揮掉……雖然實際上並沒有蟑螂跑出來，但你就是會覺得牠們在你身上。儘管已經過了二十年，我還記得當時的聲音和感覺。」

總而言之，這是一個為期八天的實驗。第一回合為三天，這期間的每一天，阿爾菲耶里蒐集每組攻擊和順從的行為數據，十一組中有十組，出現了清楚的線性位階制度。接下來的兩天，這十組的每隻公蟑螂都被單獨隔離在盒子裡，只提供食物和水。

第二回合重新建立小組，接下來三天，阿爾菲耶里同樣記錄蟑螂的行為數據。從這十組的數據可以發現，第二回合也全部形成了線性位階制度。但可複製性充其量只能說是參差不齊：有五組在第二回合時，重建出跟第一回合相同的位階，其他組別則沒有。

換句話說，**權力結構瓦解有時會動搖位階制度，有時則沒有影響。**

我們在複製了相同位階的小組中尋找線索，得到的唯一提示是：**如果我們把重**

點放在第一回合領先的公蟑螂之上，相較於階級重組的小組，**在複製相同位階的小組中，領先公蟑螂參與互動的比例比較低**。

我們不知道確切原因，想破頭也想不出來，到底是什麼原因造成有些組別到了第二回合，權力會完全重組。然而，的確有一些關於支配可複製性的研究，讓我們能朝著正確方向邁出一步。

長期而言，權力結構通常是穩定的。但斑點蟑螂的行為，證明權力結構未必牢靠，出於複雜的原因（其中有些我們還不了解），牠們必須依賴即時的更新來掌握代價與利益。

有時，權力秩序崩潰，必須以新的方式重建。

動物行為學家試圖找出原因，是什麼導致動物族群的內部革命，和來自群體外部的接管；這些事件如何影響相關動物的荷爾蒙、基因等各個面向；以前大權在握的個體，被拉下臺後會發生什麼事；當全新的權力秩序從衰敗中興起時，那些動物會如何發起叛變、進而奪權。

一旦被打敗，地位直接跌到最底（如果還活著的話）

多數情況下，恆河猴（*Macaca mulatta*）的權力圍繞在家庭關係、儀式性動作、不太激烈的攻擊性，以及耐心等待在你位階之上的個體死掉。

然而，凡事總有例外，有時事情甚至會一發不可收拾。

「要改變一個群體的權力結構，普通的戰鬥是不夠的。」研究恆河猴長達三十年、動物行為學家達里歐・梅斯崔皮耶里（Dario Maestripieri）說：「**為了讓掌握權力十年的α雌性讓位，另一隻獼猴不得不殺死牠和牠的家人，因為牠們會為了保護權力奮戰至死。**」

梅斯崔皮耶里在耶基斯野外站（Yerkes Field Station）從事博士後研究，距離美國喬治亞州首府亞特蘭大（Atlanta）約三十二公里，這裡有超過一千隻恆河猴和豚尾猴，住在大型的戶外圍欄裡。在這裡，恆河猴都會積極採取行動，讓自己獲取和維持權力，甚至還有全面的革命，戰況往往都慘不忍睹。

在耶基斯的恆河猴中，權力多數透過雌性血統運作。在一百多隻猴子的群體中，最大的母系團體通常握有最多權力，其次是第二大的母系團體，以此類推。然而，在某個時間點，占主導地位的母系團體規模突然縮小，因此產生了危機。

「排名第二的母系團體，個體數量超過了最大的團體，」梅斯崔皮耶里說：「於是，就發生了一場革命：在短短的一天之內，一場突如其來的大戰，排名第二的團體所有成員，攻擊所有上級雌猴，並想殺死牠們。這是一場大屠殺……在推翻最大母系團體期間，牠們攻擊、殺戮，不斷咬對方的臉和脖子。」

革命的起源通常不太引人注意。排名第二和第一的母系團體成員之間，會有攻擊行為：不是特別暴力，只是正常的攻擊行為——威脅、衝撞、追逐等；以及順從的行為，如退縮、呲牙裂嘴、逃走，這種事隨時都在發生。

戰士的親屬理所當然快速選邊站，最大母系團體中的高位階雌猴，很快就會加入戰鬥，情勢通常會在這時就穩定下來。但是，一旦最大母系團體的規模縮小，排名第二團體的猴子就不會輕易縮手。

「牠們會設法招募更多的盟友，」梅斯崔皮耶里解釋：「結果就是引發一場革命。戰鬥通常在夜晚靜悄悄的開始，而當隔天早上我們到達現場時，地上到處都是屍體。」

當排名第一的母系團體失去權勢，其成員在群體位階中不只是下降一個等級，牠們的地位會一路直線下滑。

梅斯崔皮耶里說：「**特別是高位階雌猴，會直接掉到位階最底層**。原本的α雌性會成為猴群地位最低的雌猴——如果牠活下來的話。而牠的親戚也會全部掉到最底層。」

競爭者會以權力之名挑戰你

梅斯崔皮耶里後來發現，這種革命在公猴之間也會發生，只是沒那麼激烈。一九九九年他離開耶基斯，到芝加哥大學任教，他的好友兼同事梅麗莎．杰拉德（Melissa Gerald）建議他把恆河猴的研究移到聖地牙哥島進行，那是位於波多黎各（Puerto Rico，美國在加勒比海〔Caribbean Sea〕地區的自治邦）東南沿海的小島。

聖地牙哥島擁有五至十個恆河猴群，是一九三八年從印度引進的猴子後代，一年中大部分時間都在島上自由活動。

研究人員包括梅斯崔皮耶里、他的學生，以及其他六名科學家，每天早上，他們從租屋處的小鎮蓬塔聖地亞哥（Punta Santiago）搭渡輪，只要十分鐘就能抵達聖地牙哥島。一天的工作結束後，所有人都會離開小島。

梅斯崔皮耶里和他的研究夥伴——靈長類動物學家亞歷山大．喬治耶夫（Alexander Georgiev）與詹姆斯．海格姆（James Higham），以及其他研究人員，隨時都帶著雙筒望遠鏡、紙筆，偶爾還帶上錄影機。他們見證了兩次權力變動：一次來自群體內部，另一次則是外來勢力。

島上的公猴有時會離開原有的群體，遷移到另一個群體。梅斯崔皮耶里說明：「傳統上，**當公猴進入一個新的群體，牠就是位階的最底層。牠們非常順從，並且得花上好幾個月或好幾年的時間，才能慢慢從最底層往上爬。**」

不過，R組的公猴11Z完全不想要照著傳統走。這隻九歲的公猴，原本是R組中的α雄性，二〇一三年三月初，牠遷移到相鄰的S組。到了三月十五日，牠在挑戰該組其他公猴或接受挑戰時，贏得了九六%的競賽，成為S組的α雄性。

即使公猴結盟要來追殺11Z，牠也毫不退縮：「在影片中，可以看到11Z被當地的公猴群包圍、攻擊，但牠就是不放棄。牠堅守陣地、持續戰鬥，最後終於打敗了這幫公猴兄弟。」

在新的小組中，公猴11Z跟雌猴交配次數，比起其他公猴都來得多，但後來突然風雲變色。小組中的其他公猴持續反抗11Z掌權，到了七月十七日，牠已被免除了α雄性的身分，並淪落到群組最低階。

雖然梅斯崔皮耶里和團隊沒有親眼看到導致牠垮臺的事件，但11Z顯然經過一番激烈的戰鬥，因為牠的後腦勺和內臟都出現嚴重傷勢，睪丸上方也有一道很深的傷口。

從那時起，其他公猴——主要是權力結構中低位階的個體——一直以攻擊牠為目標。作為位階最低的公猴，牠不再擁有取食地點的優先權，而且在短短幾個月內，體重就減少了將近一五％，比該組的其他公猴都多。

而且，血液樣本顯示，11Z體內的新蝶呤（neopterin）含量，是S組公猴之中最高的，這是發炎和感染的指標。

另一方面，**有些雄性恆河猴的政變，是自家內部發起**，而且會有海格姆和梅斯崔皮耶里稱之為「革命聯盟」的因素涉入。他們在一個追蹤的猴群中，觀察到**由許多中位階成員所組成的聯盟，牠們會以位階高於牠們的公猴為攻擊目標**，其中包括 α 和 β 雄性。

這些聯盟有時非常殘忍。海格姆和梅斯崔皮耶在論文〈雄性恆河猴的革命聯盟〉（*Revolutionary Coalitions in Male Rhesus Macaques*）裡，描述了群體裡 β 雄性83L的遭遇：「六月二十二日，第一次觀察，成員有公猴57D、44H、50B。公猴83L被趕出群體，並落入海裡。接下來的兩週攻擊持續，83L一直被追趕，並多次掉入大海。83L最終被允許以較低的排名回到群體，完全被邊緣化。」

在短短幾個月內，所有被聯盟攻擊的公猴，排名都大幅下降，前 α 雄性被迫永久離開該群體，而該聯盟所有成員的排名幾乎都上升了。

擁有權力，必有回報。例如更豐厚的食物來源，或更多的交配次數但是，**新出現的競爭者也會以權力之名，來找你麻煩**。

想篡位，夥伴很重要

在梅斯崔皮耶里研究的獼猴中，個體的奪權來自外部，而聯盟的奪權則來自內部。不過，要動搖靈長類群體的權力，還有其他方式。

靈長類動物學家佩德羅．迪亞斯（Pedro Dias），在墨西哥南部維拉克魯茲（Veracruz）的洛斯圖斯特拉斯（Los Tuxtlas）森林中，研究鬃毛吼猴（*Alouatta palliate*）。他發現這種猴類的聯盟會集體出走，並在新領域分享權力。

「我小時候住在葡萄牙，電視只有一個頻道，每週六早上是唯一會播放動物紀錄片的時間。」迪亞斯說：「我一直想從事動物相關研究。問題是我的興趣太廣泛，而且我不太用功讀書。」

迪亞斯的成績不太好，上大學時沒有機會攻讀生物。然而，當時要進入人類學系相對容易，家人也期望他能讀大學，再加上有些人類學家也會研究非人類，因此迪亞斯選擇了這條路。

一開始，他覺得很無聊。迪亞斯回想：「後來，我修了生物人類學的課，才恍然大悟：原來我可以修人類學學位，接著去研究動物。」

除了探討演化、族群遺傳學和動物行為，該課程還包括野外實習。一開始，迪亞斯在里斯本動物園（Lisbon Zoo）做研究，後來有個在墨西哥研究鬃毛吼猴的碩士生到課堂上演講，迪亞斯被他所講的內容迷住了。於是，他自己做了一個碩士研究計畫，對象是維拉克魯茲一個小島上的猴子。但那個族群有近親繁殖造成的染色體易位問題，因此他決定改去洛斯圖斯特拉斯進行博士研究，那裡已有正在進行中的鬃毛吼猴長期研究。

迪亞斯進行研究的洛斯圖斯特拉斯地區，是屬於私人財產的破碎森林區域。對猴子來說，這意味著在野外的移動深受人類影響。

迪亞斯說：「猴子必須弄清楚要從哪裡通過，因為這一帶有很多牧場……為了去某些地方，牠們必須在地面上用走的。」但是，牠們其實不喜歡離開樹木、以徒步方式前進。

此外，對一個充滿抱負的博士生來說，野外也有其難以克服的障礙。迪亞斯這麼說：「有時，森林的所有人會讓你在那裡研究猴子；某天，他們又會突然說，你必須付錢才能在他的土地上做研究。」

不過，鬃毛吼猴其實在這裡到處都有，並不限於誰的森林。因此，他仍選擇留下來，和另一個博士生在蒙特皮奧（Montepio，位於洛斯圖斯特拉斯森林附近）小鎮一起租房子。

每天凌晨四點三十分，吃完早餐後，在手電筒光線的引導下，迪亞斯都會穿過黑暗的森林，來到前一天晚上他最後看到猴群的地方。

鬃毛吼猴每天都在樹上不停移動，邊走邊覓食，通常會睡在覓食的最後一棵樹上，迪亞斯輕鬆就能找到牠們。但是，如果錯過了猴群在早上的第一次移動，就很難找到牠們。迪亞斯說：「錯過的話，那天你就無法蒐集數據了。」

迪亞斯會透過雙筒望遠鏡，觀察樹上的鬃毛吼猴群體，一邊用錄音機錄下重點。藉由毛髮圖案和身體記號，迪亞斯可以認出每隻猴子，不過代表動物之間關係的重要親近數據（proximity data）卻很難記錄，因為鬃毛吼猴的互動次數，以靈長類動物來說是很少的，而一旦有了互動，在哪裡互動就是關鍵。迪亞斯的解決方案簡單又巧妙：「我知道一隻普通猴子的手臂長度，大約是三十五至四十公分，我會根據這點推斷。」

在大多數情況下，鬃毛吼猴群體內部的攻擊行為相當溫和。最常見的攻擊性互動是排擠行為：一隻猴子接近另一隻時，對方會乾脆的離開，有時可能會有一點推擠。迪亞斯說，猴子有時候會「拱起背部並搖晃樹枝、弄斷樹枝，還一邊大叫」。真正的戰鬥極少發生，牠們可能會互咬，但幾乎沒有嚴重受傷的情況。

根據迪亞斯的觀察，鬃毛吼猴群體之間的互動也相當平靜。「牠們都想要避免衝突，」他帶著微笑說：「牠們在跟蹤鄰近的群體時會發出叫聲，以避免跟對方正面交鋒。」

如果猴群最後還是發生了衝突，通常不會造成太大傷害。迪亞斯描述：「情況真的很好笑。兩群公猴不斷叫囂、搖晃樹枝、互相示威。幼猴過來了，卻在牠們之間嬉鬧、玩耍。」

但也有些狀況會讓人笑不出來。迪亞斯回憶起某一隻公猴，離開群體三年後，帶著配偶回來了。牠決定在該群體的勢力範圍內設置自己的家園。迪亞斯說：「牠把一隻住在那裡的公猴打了一頓，把牠從樹上扔到地上。這些奪權的舉動，有時候真的很暴力。」

二〇〇三年十二月，迪亞斯目睹了一場奪權行動就在他在眼前展開。當兩隻公猴入侵由兩隻公猴、四隻母猴和五隻幼猴組成的MT鬃毛吼猴群時，他在蒙特皮奧的租屋處門廊就可以聽到聲音。

鬃毛吼猴的平靜生活不再，因為這兩隻公猴，把一隻住在當地的公猴打死了。附近有另一組鬃毛吼猴（RH組），成員和MT猴群相似，但沒有被外來者入侵，因而為迪亞斯提供了自然的控制組，讓他能在研究群體被入侵後的影響時，進行比較。

迪亞斯發現，MT組的整體攻擊性程度遠高於RH組，且打架和咬傷等強烈攻擊行為，在RH組中並不存在，但在MT組中很常見。

此外，令迪亞斯感到驚訝的是，入侵MT組的那兩隻公猴，是合作無間的聯盟關係。牠們會一起叫、一起攻擊其他同類，彼此間的互動，比MT或RH組中的任何成員之間都更友好。也就是說，**要動搖權力結構，有時需要個體以前所未有的密切方式合作。**

失去領域及地位，會導致基因改變

權力的戲劇性改變，並不是靈長類動物獨有，也不是只適用於棲息在陸地上的動物。對棲息在坦干伊喀湖的某個慈鯛物種而言，一旦權力關係改變，從行為到荷爾蒙，再到大腦和睪丸的基因開關，都會產生重大影響。

「我在夏威夷攻讀博士時，研究的是一個雀鯛（damselfish）特有種。」長期研究神經科學的凱倫·馬魯斯卡（Karen Maruska）說：「一方面，因為對這個物種一無所知，所以我做的一切嘗試都是新的。但後來我遇到了瓶頸，我想提出更多值得探究、更宏觀的問題，但必須先有合適的工具，或得先做幾十年的背景研究，否則我完全辦不到。」

但是，馬魯斯卡並不想花幾十年的時間做這件事；於是她開始尋找另一個物種，讓她可以深入探究包括權力動態在內的社會行為。她繼續說明：「慈鯛是非常社會化的生物，而且從演化的觀點來看牠們很有趣，再加上其快速的適應性變化，我真的被那個系統深深吸引。」

馬魯斯卡的博士課程即將結束時，她在一個會議上簡報，神經科學家羅素・費納德（Russ Fernald）主動前來跟她攀談。費納德是慈鯛演化和生態界的傳奇人物。馬魯斯卡知道他在慈鯛物種伯氏妊麗魚（*Astatotilapia burtoni*）的神經生物學和荷爾蒙研究，並把他列為博士後顧問的名單之一。他們交換電子郵件，不久後，二〇〇七年費納德便把她找來史丹佛大學，讓她在自己的實驗室進行博士後研究。

馬魯斯卡與費納德的共同研究，主要是關於伯氏妊麗魚的繁殖行為和神經生物學。高位階的雄魚會在領域挖洞，準備讓雌魚產卵；而牠在驅趕其他雄魚之餘，還要忙著跟雌魚求偶。這是很壯觀的景象：雄魚會增加身體顏色的強度，並在雌魚面前搖擺身體。

不過，牠們會一邊做出這些動作，一邊留意低位階雄魚。馬魯斯卡解釋：「低位階雄魚的睪丸小歸小，還是充滿了精子。一逮到機會，低位階雄魚就會卡位，嘗試讓一些卵子受精。」

而如果占主導地位的雄魚不必費心思趕走篡位者，牠就會發出規律的求偶聲，並搖晃尾巴往洞口游，並試圖引誘雌魚跟上。

伯氏妊麗魚是口腔孵化。如果一對魚開始產卵，雌魚會將卵子產在雄魚挖的洞中。接著，牠會將卵子含在嘴裡，雄魚會繼續做出求偶動作，並將精子射入雌魚嘴裡，使卵子受精。全部完成後，雌魚帶著滿嘴受精卵離開，在嘴裡孵化兩週，才讓幼魚出來自由悠游。

在研究這個物種的繁殖過程中，權力是無法忽略的因素。

「**雄魚的領域意識很強，牠們控制領域的能力，決定了繁殖的成功率。**」馬魯斯卡解釋：「如果不積極防衛領域，就不會有繁殖的機會。領域就是一切，因此必須具備一定的攻擊性。」

於是這讓她開始思考權力，尤其是權力的改變。後來，她接受了路易斯安那州立大學（Louisiana State University）的助理教授職位，擁有了屬於自己的伯氏妊麗魚族群，一個深入研究這個主題的機會就此降臨。

馬魯斯卡的實驗室擁有一千多條伯氏妊麗魚。架子上堆滿了一百至兩百公升的魚缸，每個魚缸有二十條魚，雄魚和雌魚都有。每個魚缸內都放了二至三個小花盆，占主導地位的雄魚會在這些花盆周圍建立領域。

馬魯斯卡的魚，跟幾乎所有住在實驗室的伯氏妊麗魚族群一樣，都是一九七〇年代費納德從坦干伊喀湖帶回來的魚所產下的後代。

「羅素．費納德跟我們說過，盛產這些魚的區域一直是政治動盪的地區。」馬魯斯卡說：「長期以來，前往那個地區的路途並不安全。」馬魯斯卡從未去過坦干伊喀湖，但她很想去，希望有天時機成熟時能夠成行。

馬魯斯卡對慈鯛權力的思考和閱讀越多，越讓她意識到「沒有動物會想在位階制度中向下沉淪。但是，比起向上爬，我們對位階向下改變的現象所知甚少」。於是，她決定更深入探討在權力位階中向上爬與往下掉的現象，透過動物行為，以及荷爾蒙、神經生物學和遺傳的角度，了解驅動這整個過程的成因。

占主導地位且擁有領域的雄性伯氏妊麗魚，外觀和行為都跟低位階雄魚大相逕庭。這些擁有權力的雄魚，身上是亮黃色或藍色（有些則是兩色兼具），一條粗黑線從眼睛穿過，鰓上有一個黑點，鰓的後面則有一個紅斑；而低階雄魚的色彩比較黯淡，並缺乏以上所有特徵。

優勢雄魚忙著防衛領域不受其他雄魚侵擾，以及向雌魚求偶；低位階雄魚則一直在想辦法避開或逃離優勢雄魚。

然而，馬魯斯卡和同事的研究發現，當權力動搖、個體在位階制度中上升或下降時，一切都會發生變化。

馬魯斯卡和團隊為了了解魚失去優勢地位時會發生什麼事，首先從大型公共水槽中，蒐集擁有領域且連續三天積極防守的雄魚。每隻雄魚搭配兩隻雌魚，一起被放入一個較小的實驗水槽中，並給牠們足夠的時間，讓牠們能在水槽的花盆附近建立新領域。

接著，研究人員會抽掉水槽中間不透明的隔板，隔板後可能是體型很大的雄魚（比領域擁有者大一〇%至二〇%）、體型較小的雄魚（比領域擁有者小五%至一〇%），或者根本沒有魚。結果正如馬魯斯卡和同事預測，**面對體型較大的對手時，擁有領域的雄魚會失去家園（以及牠的優勢地位）；但在面對體型較小的對手時，牠總是能成功捍衛自己的領域和地位。**

當領域擁有者面對的是體型較大的入侵者時，其社會地位下降得非常快速。在三十分鐘內，牠們眼睛的黑條紋會消失，身體顏色變得黯淡，攻擊行為次數也急遽下降。而衡量壓力標準的皮質醇濃度，是面對體型較小入侵者時的兩倍多。

最引人注目的是，馬魯斯卡團隊發現「即發性早期基因」（immediate early genes，IEGs）的表現方式產生了改變。

所謂的即發性早期基因，是已知在神經系統中，對刺激反應發揮作用的基因。比起成功保留領域的雄魚，掉下權力神壇的雄魚，腦中 *cfos* 和 *egr-1* 這兩種基因的表現程度活躍許多。如何解讀 *cfos* 和 *egr-1* 的高表現程度是個複雜的問題，馬魯斯卡和其他研究人員正深入調查中。

但可以肯定的是，**失去地位、領域及權力，會導致行為、荷爾蒙、神經元和基因表現，都產生劇烈變化。**

馬魯斯卡和她的同事，也安排了理解魚爬上權力階梯後有何變化的實驗。一開始，他們把一隻雄魚和一隻體型較大的優勢個體，一起放入公共水槽中。接著，把那隻雄魚移入較小的水槽中，水槽裡已有一隻體型較大、占有領域的雄魚，以及三、四隻雌魚。

馬魯斯卡確認受試雄魚處於弱勢地位兩天後，她或組員便戴著夜視鏡，在夜裡偷偷溜進實驗室，在一片漆黑中，將優勢雄魚從水槽中移走。

第二天早上燈亮後，受試雄魚在幾分鐘內便把領域據為己有，而且開始向雌魚求偶。牠們身上的顏色變得更鮮豔，眼睛的黑線出現，睪丸變大，精子的數量增加；三十分鐘內，體內的睪固酮和各種腦下垂體荷爾蒙的循環濃度都增加。

馬魯斯卡和團隊希望，有一天能夠在魚身上放置「當魚游來游去時，能記錄神經系統變化的小型記錄發射器」。如果他們成功了，那將是另一個潛力無窮的工具，在人類無止境的探索中，能幫助我們更加理解非人類社會的權力。

從權力的代價與利益進行研究，評估權力鬥爭中所使用的策略；在獲取和維持權力時，從勝者、敗者、旁觀者和觀眾效應，到結盟所造成的影響；從干預行為、群體對其他群體提出權力挑戰，到強者的興起與衰落。這一切的研究，仍繼續在世界各地的物種上全力進行著。

後記
非人類社會的權力動態研究

研究非人類社會的權力真的太吸引人了。遍布全球的一流科學家，不斷抽絲剝繭，幫助我們更加理解權力的起源。當然，我們還有無數研究有待進行，但我相信總有一天，我們能對非人類的權力動態，提出真正完整的概念解釋。

對解釋本身提出預測可能有點冒險，但我認為肯定會具有以下特徵：

- 解釋必然複雜，因為權力是複雜、多面向的。
- 本質上會是一種演化解釋，也就是說，在經驗和理論層面上，會涵蓋對權力的代價與利益更深入的理解，畢竟長期以來，代價與利益都影響了動物生態。
- 解釋將會受到新理論的啟發，會更依賴社會網絡理論，幫助我們更理解權力的影響是如何在群體之內，以及群體之間傳播，有時就如波浪般起伏不定。

- 解釋不僅會增進我們對權力本身的理解，還會讓我們更了解非人類的各種行為，因為所有動物日常的社會活動，包括覓食、交配、育兒、棲息地選擇、警戒等，都融入了權力動態。
- 數據蒐集的創新科技突破，將帶來新啟發，有些是最近開始使用，有些則還處於構思階段。雖然在野外（或實驗室）觀察動物以驗證權力假說的做法，永遠不會被取代，但方法將日新月異。其實在本書中，我們已看到一些應用實例，例如：GPS幫助研究人員追蹤捲尾猴和鬣狗，並推論出該物種的權力動態；無人機幫助我們研究權力如何在海豚身上展現，而且很快就會運用到縞獴族群上；水下機器人能用紅外線偵測海裡的烏賊，並讓我們知道顏色變化在烏賊的奪權鬥爭中，所扮演的角色。

一定會有更多創新的研究方法出現。動物行為學家已經開始在森林和許多地方，大規模設置錄影設備，一旦感應到動作便會自動進行拍攝。據我所知，這些設備並不是要研究動物的權力演變，但是透過這些設備所蒐集的數據，肯定會讓我們得知從未想過、跟權力有關的事。

再把範圍拉得更廣，馬克斯・普朗克動物行為研究所（Max Planck Institute of Animal Behavior）與俄羅斯航太（Russian Space Agency）、德國航空太空中心（German Aerospace Center）合作，發射了伊卡洛斯（Icarus）衛星，專門用來蒐集大規模動物遷徙模式的數據，而且經過微調後，還能追蹤廣大空間中的單一個體。重量只有約五公克（不久後將減至一公克）的伊卡洛斯發射器，正蓄勢待發。在一次前導實驗中，研究人員在歐亞大陸、俄羅斯和美洲追蹤了五千隻烏鶇（blackbird）和歌鶇（thrush）的行動。

我相信，聰明的動物行為學家一定會找到運用伊卡洛斯或其他衛星的方法，以研究非人類社會的權力。

- 未來將有突破性發展，能讓我們更容易觀察動物在空間中的位置、牠們彼此之間的互動，以及動物內部隨著權力更迭而產生的變化。內分泌學和神經生物學的新進展，讓我們能即時追蹤、掌握與權力相關的行為，會如何影響荷爾蒙濃度和神經活動，以及荷爾蒙濃度和神經活動如何影響權力動態。同樣的，基因表達領域的進步，也能幫助我們理解基因「關閉」和「開啟」如何影響動物追求權力。

未來幾年這一切將如何發展，實在令人期待。

我誠摯的希望能與你分享這些經歷，你可以假想自己正從理查．康納的船尾望去，一起在澳洲鯊魚灣觀察海豚、梳理權力結構；與凱．霍勒坎普坐在肯亞Fisi大本營的營火旁，分享鬣狗和權力的故事；與湯瑪斯．邦亞一起在奧地利阿爾卑斯山的田園風光中，觀察渡鴉的權力關係；甚至躺在紐西蘭的山洞裡，與約瑟夫．華斯一起拼湊出小藍企鵝的權力表現。

也許某一天，當你心情不好時，可以想像自己正在研究以下動物的權力：加爾各答的流浪狗、墨爾本的壯麗細尾鷯鶯、加州阿諾努耶佛州立公園的海豹，或是肯亞的白額蜂虎，希望這樣的想像能對你有所幫助。

融合冒險和奇蹟的科學故事，真的讓人欲罷不能。

致謝

長期以來，我一直認為我的動物行為學家同伴們，是地球上最好的人類。而在撰寫這本書的過程，更加強化了這份信念。

感謝以下所有研究人員，接受我冗長的採訪（透過Zoom、Skype、電話和電子郵件等方式），讓我能更了解他們針對動物權力的研究：麥克・阿爾菲耶里、洪祖仁、史蒂芬・奧斯泰德、塞瑞爾・巴瑞特、馬修・貝爾、安妮迪塔・巴德拉、羅伯托・伯納尼（Roberto Bonanni）、艾洛蒂・布里芙、蜜雪兒・布朗、湯瑪斯・邦亞、麥克・坎特、卡洛琳・凱西、理查・康納、梅格・克羅夫特、法蘭斯・德瓦爾、佩德羅・迪亞斯、萊恩・厄利、佩芮・伊森、羅伯特・艾爾伍德、史蒂芬・艾姆蘭、馬格努斯・恩奎斯特、歌迪亞・費、約翰・菲茲派翠克、潔西卡・弗萊克、羅傑・漢隆、凱・霍勒坎普、大衛・霍爾維、多姆納爾・詹寧斯、康斯坦茲・克魯格（Konstanze Kruger）、伯尼・勒・伯夫、達里歐・梅斯崔皮耶里、凱西・馬勒、凱倫・馬魯斯卡、約翰・米塔尼（John Mitani）、馬克・莫菲特、拉烏爾・穆爾德、克雷格・派克、伊莉莎貝塔・帕拉吉、沃爾特・派伯、高登・舒特、麥克・塔博斯基、德山奈帆子、約瑟夫・華斯、克勞斯・楚貝比勒。

感謝芝加哥大學出版社的編輯喬・卡拉米亞（Joe Calamia），提供給我許多有用的意見和建議，更感謝他對我的信任。

感謝我的家人願意幫忙閱讀草稿，在這本書完稿的過程中，特別感謝戴娜和亞倫・杜加欽（Dana and Aaron Dugatkin）提供真誠的意見。最後，還要感謝我的朋友2R，他對權力的豐富知識，提供給我很大的幫助。

本書參考資料
請掃描 QR Code

國家圖書館出版品預行編目（CIP）資料

權力的野性：窺探對手、蒐集資訊，建立聯盟、奪權乃至鞏固地位，野生動物比人更懂稱「王」之道。／李・艾倫・杜加欽（Lee Alan Dugatkin）著；曾秀鈴譯. -- 初版. -- 臺北市：大是文化有限公司，2022.12
304 面；14.8×21 公分. --（Biz ; 411）
譯自：Power in the wild: the subtle and not-so-subtle ways animals strive for control over others
ISBN 978-626-7192-37-5（平裝）

1. CST：動物行為　2. CST: 攻擊性行為　3. CST: Social behavior in animals.　4. CST：Social hierarchy in animals.　5. CST：Decision making in animals.　6. CST：Aggressive behavior in animals.

383.7　　111014773

Biz 411

權力的野性

窺探對手、蒐集資訊，建立聯盟、奪權乃至鞏固地位，野生動物比人更懂稱「王」之道。

作　　者／李・艾倫・杜加欽（Lee Alan Dugatkin）
譯　　者／曾秀鈴
責任編輯／連珮祺
校對編輯／張祐唐
美術編輯／林彥君
副 主 編／馬祥芬
副總編輯／顏惠君
總 編 輯／吳依瑋
發 行 人／徐仲秋
會計助理／李秀娟
會　　計／許鳳雪
版權主任／劉宗德
版權經理／郝麗珍
行銷企劃／徐千晴
行銷業務／李秀蕙
業務專員／馬絮盈、留婉茹
業務經理／林裕安
總 經 理／陳絜吾

出 版 者／大是文化有限公司
臺北市 100 衡陽路 7 號 8 樓
編輯部電話：（02）23757911
購書相關諮詢請洽：（02）23757911 分機 122
24小時讀者服務傳真：（02）23756999
讀者服務E-mail：dscsms28@gmail.com
郵政劃撥帳號：19983366　戶名：大是文化有限公司

法律顧問／永然聯合法律事務所
香港發行／豐達出版發行有限公司 Rich Publishing & Distribution Ltd
地址：香港柴灣永泰道 70 號柴灣工業城第 2 期 1805 室
Unit 1805, Ph.2, Chai Wan Ind City, 70 Wing Tai Rd, Chai Wan, Hong Kong
電話：21726513　傳真：21724355
E-mail：cary@subseasy.com.hk

封面設計／林雯瑛　內頁排版／江慧雯
印　　刷／緯峰印刷股份有限公司

出版日期／2022 年 12 月初版
定　　價／新臺幣 399 元（缺頁或裝訂錯誤的書，請寄回更換）
I S B N／978-626-7192-37-5
電子書ISBN／9786267192344（PDF）
9786267192351（EPUB）